高等院校教材同步辅导
及考研复习用书

高等数学同步测试卷
同济七版·上册

张天德 ◎ 主编

窦慧　王玮　高海荣 ◎ 副主编

北京理工大学出版社
BEIJING INSTITUTE OF TECHNOLOGY PRESS

高等数学是理工类专业重要的基础课程,也是硕士研究生入学考试的重点科目.同济大学数学系主编的《高等数学》是一套深受读者欢迎并多次获奖的优秀教材,2014年同济大学数学系推出了《高等数学》第七版.

为更好地激发学生学习高等数学的兴趣,进一步提高学生的综合素质和创新能力,我们编写了与同济大学数学系主编的《高等数学》(第七版)配套的《高等数学同步测试卷》(同济七版·上、下册),以帮助学生加深对基本概念的理解,加强对基本解题方法和技巧的掌握,起到触类旁通的效果,最终提高学生的数学能力和数学思维水平.

本书为《高等数学同步测试卷》(同济七版·上册),并根据作者多年的教学经验配合教学实际情况增加了期末测试卷,便于学生检测自身水平.本书包括两大部分:

1. 试卷试题部分:每章及期末试题均提供了 A、B 两套试卷,试卷仿照最新全国硕士研究生入学考试的试题模式进行编排,使试题的顺序和形式更加合理化、科学化.其中 A 卷注重基础知识和基本能力的考查,适合学生作为平时作业来检测掌握情况,同时可以作为期末考前自测的依据;B 卷注重综合能力的考查,题目有较强的综合性,适合准备参加研究生入学考试或者大学生数学竞赛的同学使用.

2. 试卷解析部分:透彻解析每道题目,层层深入点拨,从试题考查和做题思考的角度完美展现试题内涵.为此我们设置了以下几个特色栏目:

【点拨】

授之以鱼,不如授之以渔.从解题思路层面解析每一道题目,使您不仅会做题目,而且会分析题目;不仅会做这道题目,而且会做这一类题目.

【方法点击】

针对试题解答中所采用的方法进行总结,以解题方法为基础,串联知识点,形成知识网络,使读者在潜移默化中培养数学思维能力.

本书编写系统、独到,主要体现了以下三个特点:

1. 选题精练:本书的试题主要节选自全国理科高等数学研究会提供的权威题库,在选题时既注重对知识点的全面覆盖,又保证了对知识点或基本题

高等院校教材同步辅导
及考研复习用书

高等数学同步测试卷
同济七版·上册（试题分册）

张天德◎主编

窦慧　王玮　高海荣◎副主编

北京理工大学出版社
BEIJING INSTITUTE OF TECHNOLOGY PRESS

第一章	函数与极限	1
	同步测试卷(A)	1
	同步测试卷(B)	5

第二章	导数与微分	9
	同步测试卷(A)	9
	同步测试卷(B)	13

第三章	微分中值定理与导数的应用	17
	同步测试卷(A)	17
	同步测试卷(B)	21

第四章	不定积分	25
	同步测试卷(A)	25
	同步测试卷(B)	29

第五章	定积分	33
	同步测试卷(A)	33
	同步测试卷(B)	37

第六章	定积分的应用	41
	同步测试卷(A)	41
	同步测试卷(B)	45

第七章	微分方程	49
	同步测试卷(A)	49
	同步测试卷(B)	53

上 册	期末同步测试	57
	同步测试卷(A)	57
	同步测试卷(B)	61

第一章 函数与极限

本章必考点

必考点一：函数的性质

必考点二：数列的极限

必考点三：函数的极限

必考点四：连续的定义及间断点的判断

必考点五：无穷小的比较

必考点六：介值定理证明问题

同步测试卷(A)

一、选择题(1～6小题，每小题3分，共18分)

1. 设函数 $f(x)=\ln(x+\sqrt{1+x^2})$，则 $f(x)$ 是 ( )
   (A) 奇函数 (B) 偶函数
   (C) 非奇非偶函数 (D) 无法确定其奇偶性

2. 极限 $\lim\limits_{n\to\infty}(\sqrt{n+3\sqrt{n}}-\sqrt{n-\sqrt{n}})$ 的值为 ( )
   (A) -2 (B) 2 (C) -3 (D) 3

3. 设 $x_n=\dfrac{1}{3}+\dfrac{1}{15}+\cdots+\dfrac{1}{4n^2-1}$，则 $\lim\limits_{n\to\infty}x_n=$ ( )
   (A) $\dfrac{1}{4}$ (B) $-\dfrac{1}{4}$ (C) $\dfrac{1}{2}$ (D) $-\dfrac{1}{2}$

4. "对任意给定的 $\varepsilon\in(0,1)$，总存在正整数 N，当 $n\geqslant N$ 时，恒有 $|x_n-a|\leqslant 2\varepsilon$"是数列$\{x_n\}$收敛于 a 的 ( )
   (A) 充分条件但非必要条件 (B) 必要条件但非充分条件
   (C) 充分必要条件 (D) 既非充分条件又非必要条件

5. 已知 $\lim\limits_{x\to\infty}\left(\dfrac{x^2}{x+1}-ax-b\right)=0$，其中 a,b 是常数，则 ( )
   (A) $a=1,b=1$ (B) $a=-1,b=1$
   (C) $a=1,b=-1$ (D) $a=-1,b=-1$

6. 设 $f(x)=\dfrac{1}{e^{\frac{x}{x-1}}-1}$，则 （　　）

(A) $x=0,x=1$ 都是 $f(x)$ 的第一类间断点

(B) $x=0,x=1$ 都是 $f(x)$ 的第二类间断点

(C) $x=0$ 是 $f(x)$ 的第一类间断点，$x=1$ 是 $f(x)$ 的第二类间断点

(D) $x=0$ 是 $f(x)$ 的第二类间断点，$x=1$ 是 $f(x)$ 的第一类间断点

二、填空题（7～12小题，每小题3分，共18分）

7. 设 $f(x)$ 的定义域为 $(-\infty,+\infty)$，且对任意的 x,y，都有 $f(x+y)+f(x-y)=2f(x)f(y)$，且 $f(x)\not\equiv 0$，则 $f(x)$ 是_____函数.（奇偶性）

8. 极限 $\lim\limits_{x\to -\infty} x(\sqrt{4x^2+96}+2x)=$ _____.

9. 设 $\lim\limits_{x\to\infty}\left(\dfrac{x+2a}{x-a}\right)^x=8$，则 $a=$ _____.

10. 若 $\lim\limits_{x\to 0}\dfrac{\sin x}{e^x-a}(\cos x-b)=5$，则 $a=$ _____，$b=$ _____.

11. 若 $x\to 0$ 时，$e^{x\cos x^2}-e^x$ 与 x^k 是同阶无穷小，则 $k=$ _____.

12. 设函数 $f(x)=\begin{cases}\dfrac{1-e^{\tan x}}{\arcsin\dfrac{x}{2}}, & x>0,\\ ae^{2x}, & x\leqslant 0\end{cases}$ 在 $x=0$ 处连续，则 $a=$ _____.

三、解答题（13～20小题，每小题8分，共64分）

13. 求函数 $f(x)=\dfrac{1}{\sqrt{25-x^2}}+\arcsin\dfrac{x-1}{5}$ 的定义域.

14. 设 $f(x)$ 满足 $af(x)+bf(1-x)=\dfrac{c}{x}$（$a,b,c$ 均为常数，且 $|a|\neq |b|$），求 $f(x)$.

15. 设 $a_n = \left(1+\dfrac{1}{n}\right)\sin\dfrac{n\pi}{2}$，证明：数列 $\{a_n\}$ 没有极限.

16. 利用极限存在准则证明：$\lim\limits_{n\to\infty}\left(\dfrac{n}{n^2+\pi}+\dfrac{n}{n^2+2\pi}+\cdots+\dfrac{n}{n^2+n\pi}\right)=1.$

17. 求极限 $\lim\limits_{x\to\infty} x\sin\dfrac{2x}{x^2+1}.$

18. 求极限 $\lim\limits_{x\to 0}\left(\dfrac{2+e^{\frac{1}{x}}}{1+e^{\frac{4}{x}}}+\dfrac{\sin x}{|x|}\right)$.

19. 求极限 $\lim\limits_{x\to 0}\dfrac{e^{x^2}-\cos x}{\ln\cos x}$.

20. 设 $f(x)$ 在 $[a,b]$ 上连续，$a<x_1<x_2<\cdots<x_n<b$，证明：在 $[a,b]$ 内至少存在一个 ξ，使得
$$f(\xi)=\dfrac{f(x_1)+f(x_2)+\cdots+f(x_n)}{n}.$$

同步测试卷(B)

一、选择题(1~6小题,每小题3分,共18分)

1. 函数 $f(x)=x\sin x$,则下列说法正确的是 ( )

(A)当 $x\to\infty$ 时为无穷大量 (B)在 $(-\infty,+\infty)$ 内有界

(C)在 $(-\infty,+\infty)$ 内无界 (D)当 $x\to\infty$ 时有有限极限

2. 设数列 x_n 与 y_n 满足 $\lim\limits_{n\to\infty}x_ny_n=0$,则下列断言正确的是 ( )

(A)若 x_n 发散,则 y_n 必发散 (B)若 x_n 无界,则 y_n 必有界

(C)若 x_n 有界,则 y_n 必为无穷小 (D)若 $\dfrac{1}{x_n}$ 为无穷小,则 y_n 必为无穷小

3. 设函数 $f(x)=\lim\limits_{n\to\infty}\dfrac{1+x}{1+x^{2n}}$,讨论函数 $f(x)$ 的间断点,其结论为 ( )

(A)不存在间断点 (B)存在间断点 $x=1$

(C)存在间断点 $x=0$ (D)存在间断点 $x=-1$

4. 设函数 $f(x)=\begin{cases}\dfrac{x^2\sin\dfrac{1}{x}}{e^x-1}, & x<0, \\ b, & x=0, \\ \dfrac{\ln(1+2x)}{x}+a, & x>0,\end{cases}$ 在 $(-\infty,+\infty)$ 内连续,则常数 a,b 的值是 ( )

(A)$a=2,b=0$ (B)$a=-2,b=0$

(C)$a=0,b=2$ (D)$a=0,b=-2$

5. 当 $x\to 0$ 时,$f(x)=\dfrac{x^6}{1-\cos x^2}$;$g(x)=\tan x\cdot\left(\sqrt[3]{1+\dfrac{1}{2}x^2}-1\right)$;$h(x)=(e^{x^2}-1)\cdot\ln(1+\sin^2 x)$ 都是无穷小量,它们关于 x 的阶数从低到高的顺序是 ( )

(A)$g(x),f(x),h(x)$ (B)$f(x),g(x),h(x)$

(C)$g(x),h(x),f(x)$ (D)$h(x),g(x),f(x)$

6. 设当 $x\to 0$ 时,$(1-\cos x)\ln(1+x^2)$ 是比 $x\sin x^n$ 高阶的无穷小,而 $x\sin x^n$ 是比 $(e^{x^2}-1)$ 高阶的无穷小,则正整数 n 等于 ( )

(A)1 (B)2 (C)3 (D)4

二、填空题(7~12小题,每小题3分,共18分)

7. 设 $f(x)=e^{x^2}$,$f(\psi(x))=1-x$,且 $\psi(x)\geqslant 0$,则 $\psi(x)$ 的定义域为_____.

8. 设 $f(x)=\begin{cases}1-2x^2, & x<-1, \\ x^3, & -1\leqslant x\leqslant 2, \\ 12x-16, & x>2,\end{cases}$ 则 $f^{-1}(x)=$_____.

9. 极限 $\lim\limits_{n\to\infty}\sin(\pi\sqrt{n^2+1})=$ _____.

10. 极限 $\lim\limits_{x\to 0}\dfrac{\ln(\sin^2 x+e^x)-x}{\ln(x^2+e^{2x})-2x}=$ _____.

11. 设 $\lim\limits_{x\to 0}\dfrac{\ln\left(1+\dfrac{f(x)}{\sin x}\right)}{a^x-1}=A(a>0, a\neq 1)$,则 $\lim\limits_{x\to 0}\dfrac{f(x)}{x^2}=$ _____.

12. 若 $x\to 0$ 时,$(1-bx^2)^{\frac{1}{4}}-1$ 与 $x\tan x$ 是等价无穷小,则 $b=$ _____.

三、解答题(3～20 小题,每小题 8 分,共 64 分)

13. 设 $f(x)$ 在 $(0,+\infty)$ 上有定义,且 $\dfrac{f(x)}{x}$ 在 $(0,+\infty)$ 内单调减小,证明:对任意两点 $x_1>0, x_2>0$,有 $f(x_1+x_2)\leqslant f(x_1)+f(x_2)$.

14. 设 $0<x_1<3, x_{n+1}=\sqrt{x_n(3-x_n)}\,(n=1,2,\cdots)$,证明:数列 $\{x_n\}$ 的极限存在,并求此极限.

15. 求极限 $\lim\limits_{x\to+\infty}(\cos\sqrt{x+1}-\cos\sqrt{x})$.

16. 求极限 $\lim\limits_{x\to\infty}\left(\sin\dfrac{2}{x}+\cos\dfrac{1}{x}\right)^x$.

17. 求极限 $\lim\limits_{x\to 0}\dfrac{\cos x+\cos^2 x+\cdots+\cos^n x-n}{\cos x-1}$.

18. 已知 $f(x) = \lim\limits_{n\to\infty} \dfrac{\ln(e^n + x^n)}{n}$ $(n>0)$.

(Ⅰ) 求 $f(x)$;

(Ⅱ) 函数 $f(x)$ 在定义域内是否连续.

19. 设 $f(x)$ 在 $[a,b]$ 上连续,且 $a<c<d<b$,证明:$[a,b]$ 内至少存在一点 ξ,使得
$$pf(c) + gf(d) = (p+g)f(\xi),$$
其中 p,g 为任意正常数.

20. 设 $f(x)$ 在 $[a,b]$ 上连续,且恒为正,证明:对任意的 $x_1, x_2 \in [a,b]$ $(x_1<x_2)$,必存在一点 $\xi \in [x_1, x_2]$,使得 $f(\xi) = \sqrt{f(x_1)f(x_2)}$.

第二章 导数与微分

本章必考点

必考点一：导数的定义

必考点二：导数的几何意义、物理意义

必考点三：求导数（导数的四则运算、参数方程、隐函数求导、高阶导数）

必考点四：求微分

同步测试卷(A)

一、选择题(1～6 小题，每小题 3 分，共 18 分)

1. 设可导函数 $f(x)$ 是奇函数，则 $f'(x)$ 是 （　　）
   - (A) 奇函数
   - (B) 偶函数
   - (C) 非奇非偶函数
   - (D) 不能确定奇偶性的

2. 若 $f(x+1)=af(x)$ 总成立，且 $f'(0)=b$，a，b 为非零常数，则 $f(x)$ 在 $x=1$ 处 （　　）
   - (A) 不可导
   - (B) 可导且 $f'(1)=a$
   - (C) 可导且 $f'(1)=b$
   - (D) 可导且 $f'(1)=ab$

3. 设 $f(x)=\begin{cases} \dfrac{2}{3}x^3, & x\leqslant 1, \\ x^2, & x>1, \end{cases}$ 则 $f(x)$ 在 $x=1$ 处的 （　　）
   - (A) 左、右导数都存在
   - (B) 左导数存在，但右导数不存在
   - (C) 左导数不存在，但右导数存在
   - (D) 左、右导数都不存在

4. 设函数 $f(x)$ 在 $x=0$ 处连续，且 $\lim\limits_{h\to 0}\dfrac{f(h^2)}{h^2}=1$，则 （　　）
   - (A) $f(0)=0$ 且 $f'_-(0)$ 存在
   - (B) $f(0)=1$ 且 $f'_-(0)$ 存在
   - (C) $f(0)=0$ 且 $f'_+(0)$ 存在
   - (D) $f(0)=1$ 且 $f'_+(0)$ 存在

5. 设函数 $f(x)$ 为可导函数，且满足条件 $\lim\limits_{x\to 0}\dfrac{f(1)-f(1-x)}{2x}=-1$，则曲线 $y=f(x)$ 在点 $(1,f(1))$ 处的切线斜率为 （　　）
   - (A) 2
   - (B) -1
   - (C) $\dfrac{1}{2}$
   - (D) -2

6. 设 $f'(x_0)=3$,则 $\Delta x \to 0$ 时,$f(x)$ 在 x_0 处的微分 dy 与 Δx 比较是( )无穷小.
(A)等价　　　　　(B)同阶　　　　　(C)低阶　　　　　(D)高阶

二、填空题(7~12 小题,每小题 3 分,共 18 分)

7. 设 $f(x)=\begin{cases} ax^2+b, & x\geqslant 1, \\ x\cos\dfrac{\pi}{2}x, & x<1, \end{cases}$ 若 $f(x)$ 在 $x=1$ 处可导,则 $a=$_____,$b=$_____.

8. 设 $y=\ln\sqrt{\dfrac{1-x}{1+x^2}}$,则 $y''(0)=$_____.

9. 设 $y=e^{\tan\frac{1}{x}}\cdot\sin\dfrac{1}{x}$,则 $y'=$_____.

10. 曲线 $\begin{cases} x=e^t\sin 2t, \\ y=e^t\cos t \end{cases}$ 在点 $(0,1)$ 处的法线方程为_____.

11. 一质点的运动方程为 $s=t^3+20$,则该质点在 $t=3$ 时的瞬时速度是_____.

12. 设函数 $y=y(x)$ 由方程 $2^{xy}=x+y$ 所确定,则 $dy|_{x=0}=$_____.

三、解答题(13~20 小题,每小题 8 分,共 64 分)

13. 设函数 $g(x)$ 在 $x=0$ 处可导且 $g(0)=0$,求 $\lim\limits_{x\to 0}\dfrac{g(1-\cos x)}{\sin x^2}$.

14. 设函数 $y=y(x)$ 由方程 $\ln(x^2+y)=x^3y+\sin x$ 确定,求 $\dfrac{dy}{dx}\bigg|_{x=0}$.

15. 设函数 $f(x)$ 在 $(-\infty,+\infty)$ 上有意义，对于任意的 x 满足 $f(x)=kf(x+2)$，其中 k 为常数，在区间 $[0,2]$ 上 $f(x)=x(x^2-4)$.

（Ⅰ）写出 $f(x)$ 在 $[-2,0]$ 上的表达式；

（Ⅱ）当 k 为何值时，$f(x)$ 在 $x=0$ 处可导.

解：（Ⅰ）当 $x\in[-2,0]$ 时，$x+2\in[0,2]$，故
$$f(x)=kf(x+2)=k(x+2)[(x+2)^2-4]=kx(x+2)(x+4).$$

（Ⅱ）$f(0)=0$.
$$f'_+(0)=\lim_{x\to 0^+}\frac{x(x^2-4)-0}{x}=-4,$$
$$f'_-(0)=\lim_{x\to 0^-}\frac{kx(x+2)(x+4)}{x}=8k.$$
令 $8k=-4$，得 $k=-\dfrac{1}{2}$.

16. 由方程 $\sqrt[5]{y}=\sqrt[3]{x}$ $(x>0,y>0)$ 可确定函数 $y=f(x)$，求 $\dfrac{d^2y}{dx^2}$.

解： 由 $y^{1/5}=x^{1/3}$ 得 $y=x^{5/3}$，
$$\frac{dy}{dx}=\frac{5}{3}x^{2/3},\quad \frac{d^2y}{dx^2}=\frac{10}{9}x^{-1/3}.$$

17. 设函数 $y=y(x)$ 由参数方程 $\begin{cases}x=t-\ln(1+t),\\ y=t^3+t^2\end{cases}$ 所确定，求 $\dfrac{d^2y}{dx^2}$.

解：
$$\frac{dx}{dt}=1-\frac{1}{1+t}=\frac{t}{1+t},\quad \frac{dy}{dt}=3t^2+2t,$$
$$\frac{dy}{dx}=\frac{(3t^2+2t)(1+t)}{t}=(3t+2)(1+t)=3t^2+5t+2,$$
$$\frac{d^2y}{dx^2}=\frac{d}{dt}\left(\frac{dy}{dx}\right)\cdot\frac{1}{dx/dt}=(6t+5)\cdot\frac{1+t}{t}=\frac{(6t+5)(1+t)}{t}.$$

18. 设 $f(x)=\dfrac{1-x}{1+x}$，求 $f^{(n)}(x)$.

19. 已知曲线的极坐标方程是 $r=1-\cos\theta$，求该曲线上对应于 $\theta=\dfrac{\pi}{6}$ 处的切线与法线的直角坐标方程.

20. 过点 $(2,0)$ 向曲线 $y=x^3$ 作切线，求切线方程.

同步测试卷(B)

一、选择题(1~6小题,每小题3分,共18分)

1. 设 $f(x)=\begin{cases}\dfrac{1-\cos x}{\sqrt{x}}, & x>0, \\ x^2 g(x), & x\leqslant 0,\end{cases}$ 其中 $g(x)$ 是有界函数,则 $f(x)$ 在 $x=0$ 处 ( )

   (A)极限不存在　　　　　　　　　　(B)极限存在,但不连续

   (C)连续,但不可导　　　　　　　　(D)可导

2. 设 $f(0)=0$,则 $f(x)$ 在 $x=0$ 处可导的充要条件为 ( )

   (A) $\lim\limits_{h\to 0}\dfrac{1}{h^2}f(1-\cos h)$ 存在　　　　(B) $\lim\limits_{h\to 0}\dfrac{1}{h}f(1-e^h)$ 存在

   (C) $\lim\limits_{h\to 0}\dfrac{1}{h^2}f(h-\sin h)$ 存在　　　　(D) $\lim\limits_{h\to 0}\dfrac{1}{h}[f(2h)-f(h)]$ 存在

3. 设 $f(x)$ 为不恒等于零的奇函数,$f'(0)$ 存在,且 $g(x)=\dfrac{f(x)}{x}$,则 $g(x)$ ( )

   (A)在 $x=0$ 处左极限不存在　　　　(B)有跳跃间断点 $x=0$

   (C)在 $x=0$ 处右极限不存在　　　　(D)有可去间断点 $x=0$

4. 设 $f(x)$ 可导,$F(x)=f(x)(1+\sin|x|)$,则 $f(0)=0$ 是 $F(x)$ 在 $x=0$ 处可导的 ( )

   (A)充分必要条件　　　　　　　　(B)充分条件但非必要条件

   (C)必要但非充分条件　　　　　　(D)既非充分条件又非必要条件.

5. 设周期函数 $f(x)$ 在 $(-\infty,+\infty)$ 内可导,周期为 4,又 $\lim\limits_{x\to 0}\dfrac{f(1)-f(1-x)}{2x}=-1$,则曲线 $y=f(x)$ 在点 $(5,f(5))$ 处的切线斜率为 ( )

   (A) $\dfrac{1}{2}$　　　　(B) 0　　　　(C) -1　　　　(D) -2

6. 对数螺线 $\rho=e^{\theta}$ 在点 $(\rho,\theta)=\left(e^{\frac{\pi}{2}},\dfrac{\pi}{2}\right)$ 处的切线的直角坐标方程为 ( )

   (A) $x-y=0$　　(B) $x+y=e^{\frac{\pi}{2}}$　　(C) $x-y=1$　　(D) $x+y=e^{2\pi}$

二、填空题(7~12小题,每小题3分,共18分)

7. 已知 $f(x)$ 是周期为 5 的连续函数,它在 $x=0$ 的某个邻域内满足关系式
$$f(1+\sin x)-3f(1-\sin x)=8x+\alpha(x),$$
其中 $\alpha(x)$ 是当 $x\to 0$ 时比 x 高阶的无穷小,且 $f(x)$ 在 $x=1$ 处可导,则曲线 $y=f(x)$ 在点 $(6,f(6))$ 处的切线方程为_____.

8. 已知曲线 $y=x^3-3a^2x+b$ 与 x 轴相切,则 b^2 可以由 a 表示为 $b^2=$_____.

9. 设 $y = \dfrac{1}{\sqrt{\sin\dfrac{1}{x}}}$，则 $y' = $ _____.

10. 设函数 $x = f(y)$ 的反函数 $y = f^{-1}(x)$ 及 $f'[f^{-1}(x)]$，$f''[f^{-1}(x)]$ 均存在，且 $f'[f^{-1}(x)] \neq 0$，则 $\dfrac{d^2[f^{-1}(x)]}{dx^2}$ 为 _____.

11. 设函数 $y = \dfrac{1}{2x+3}$，则 $y^{(n)}(0) = $ _____.

12. 设 $y = f(\ln x) e^{f(x)}$，其中 f 可微，则 $dy = $ _____.

三、解答题(13～20 小题，每小题 8 分，共 64 分)

13. 试确定常数 a, b 的值，使函数 $f(x) = \begin{cases} 1 + \ln(1-2x), & x \leq 0 \\ a + be^x, & x > 0 \end{cases}$ 在 $x = 0$ 处可导，并求出此时的 $f'(x)$.

14. 若 $f(x)$ 在 x_0 处可导，且 $f(x_0) = a$，$f'(x_0) = b$，而 $|f(x)|$ 在 x_0 处不可导，求 a, b 的值.

15. 设 $f(x)=\lim\limits_{n\to\infty}\dfrac{x^2 e^{n(x-1)}+ax+b}{1+e^{n(x-1)}}$，试讨论 $f(x)$ 的连续性与可导性.

16. 设 $f(x)=\begin{cases} x\cdot\arctan\dfrac{1}{x^2}, & x\neq 0, \\ 0, & x=0, \end{cases}$ 试讨论 $f'(x)$ 在 $x=0$ 的连续性.

17. 已知函数 $f(x)$ 在 $(0,+\infty)$ 内可导，$f(x)>0$，$\lim\limits_{x\to+\infty}f(x)=1$，且满足 $\lim\limits_{h\to 0}\left[\dfrac{f(x+hx)}{f(x)}\right]^{\frac{1}{h}}=e^{\frac{1}{x}}$，求 $f(x)$ 所满足的方程.

18. 设 $\begin{cases} x=f(t)-\pi, \\ y=f(e^{3t}-1), \end{cases}$ 其中 f 可导且 $f'(0) \neq 0$,求 $\dfrac{dy}{dx}\bigg|_{t=0}$.

19. 试证明抛物线 $x^{\frac{1}{2}}+y^{\frac{1}{2}}=1$ 上任意一点的切线所截两个坐标轴上的截距之和等于 1.

20. 曲线 $y=\dfrac{1}{\sqrt{x}}$ 的切线与 x 轴和 y 轴围成一个图形 S,记切点的横坐标为 a,试求切线方程和图形面积 S. 当切点沿曲线趋于无穷远时,该面积的变化趋势如何?

第三章 微分中值定理与导数的应用

本章必考点

必考点一：微分中值定理的应用

必考点二：洛必达法则求极限

必考点三：求极值、单调区间、最值、凹凸性、拐点

必考点四：求渐近线

同步测试卷(A)

一、选择题(1～6小题,每小题3分,共18分)

1. 方程 $x \cdot e^x = a(a>0)$ 实根的个数是 ( )
   (A) 3　　　　(B) 4　　　　(C) 5　　　　(D) 1

2. 若 $\lim\limits_{x\to 0}\dfrac{a\tan x+b(1-\cos x)}{c\ln(1-2x)+d(1-e^{-x^2})}=2$，其中 $a^2+c^2\neq 0$，则必有 ( )
   (A) $b=4d$
   (B) $b=-4d$
   (C) $a=4c$
   (D) $a=-4c$

3. 设当 $x\to 0$ 时，$e^x-(ax^2+bx+1)$ 是比 x^2 高阶的无穷小，则 ( )
   (A) $a=\dfrac{1}{2}, b=1$
   (B) $a=1, b=1$
   (C) $a=-\dfrac{1}{2}, b=-1$
   (D) $a=-1, b=1$

4. 极限 $\lim\limits_{x\to +\infty}\dfrac{x^2+\sin x}{x^2}=$ ( )
   (A) -1
   (B) 1
   (C) 不存在
   (D) 2

5. 已知函数 $y=f(x)$ 对一切 x 满足 $xf''(x)+3x[f'(x)]^2=1-e^x$，若 $f'(x_0)=0(x_0\neq 0)$，则 ( )
   (A) $f(x_0)$ 是 $f(x)$ 的极大值
   (B) $f(x_0)$ 是 $f(x)$ 的极小值
   (C) $(x_0, f(x_0))$ 是曲线 $y=f(x)$ 的拐点
   (D) $f(x_0)$ 不是 $f(x)$ 的极值，$(x_0, f(x_0))$ 也不是曲线 $y=f(x)$ 的拐点

6. 当 $x>0$ 时,曲线 $y=x\sin\frac{1}{x}$ （   ）

(A)有且仅有水平渐近线　　　　　　(B)有且仅有垂直渐近线

(C)既有水平渐近线又有垂直渐近线　(D)既无水平渐近线又无垂直渐近线

二、填空题(7~12 小题,每小题 3 分,共 18 分)

7. $\arcsin x+\arccos x=$ _____ $(-1\leqslant x\leqslant 1)$.

8. 若 $\lim\limits_{x\to 0}\dfrac{\sin 6x+xf(x)}{x^3}=0$,则 $\lim\limits_{x\to 0}\dfrac{6+f(x)}{x^2}=$ _____.

9. $\lim\limits_{n\to\infty}n^3(a^{\frac{1}{n}}-a^{\sin\frac{1}{n}})(a>0)=$ _____.

10. 函数 $f(x)=\left(1+\dfrac{1}{x}\right)^x,(x>0)$ 的单调增区间为 _____.

11. $y=x+2\cos x$ 在区间 $\left[0,\dfrac{\pi}{2}\right]$ 上的最大值为 _____.

12. 曲线 $y=\ln(x^2+1)$ 的拐点为 _____.

三、解答题(13~20 小题,每小题 8 分,共 64 分)

13. 假设函数 $f(x)$ 在 $[1,2]$ 上有二阶导数,且 $f(1)=f(2)=0$,又 $F(x)=(x-1)^2 f(x)$.

证明:在 $(1,2)$ 内至少存在一点 ξ,使得 $F''(\xi)=0$.

14. 已知函数 $f(x)$ 在 $[0,1]$ 上连续,在 $(0,1)$ 内可导,且 $f(0)=0,f(1)=1$,证明:

（Ⅰ）存在 $\xi\in(0,1)$,使得 $f(\xi)=1-\xi$;

（Ⅱ）存在两个不同的点 $\eta,\zeta\in(0,1)$,使得 $f'(\eta)f'(\zeta)=1$.

15. 设 $x_1 \cdot x_2 > 0$,证明:$x_1 e^{x_2} - x_2 e^{x_1} = (1-\xi)e^{\xi}(x_1 - x_2)$,其中 ξ 在 x_1 与 x_2 之间.

16. 设 $f(x) = \begin{cases} \dfrac{\sin 2x + e^{2ax} - 1}{x}, & x \neq 0, \\ a, & x = 0 \end{cases}$ 在 $(-\infty, +\infty)$ 上连续,求 a.

17. 证明:当 $x > 0$ 时,$(x^2 - 1)\ln x \geq (x-1)^2$.

18. 已知二次方程 $x^2-2ax+10x+2a^2-4a-2=0$ 有实根，试问 a 为何值时它是方程两根之积的极值点，并求极值.

19. 求函数 $f(x)=2x^3-6x^2-18x-7$ 在 $[1,4]$ 上的最大与最小值.

20. 设函数 $f(x)$ 在 $x=0$ 的某邻域内具有一阶连续导数，且 $f(0)\neq 0, f'(0)\neq 0$，若 $af(h)+bf(2h)-f(0)$ 在 $h\to 0$ 时是比 h 高阶的无穷小，试确定 a,b 的值.

同步测试卷(B)

一、选择题(1~6小题,每小题3分,共18分)

1. 设函数 $y=f(x)$ 具有二阶导数,且 $f'(x)>0$,$f''(x)>0$,Δx 为自变量 x 在点 x_0 处的增量,Δy 与 dy 分别为 $f(x)$ 在点 x_0 处相应的增量与微分. 若 $\Delta x>0$,则 ( )

   (A) $0<dy<\Delta y$　　　　　　　　(B) $0<\Delta y<dy$
   (C) $\Delta y<dy<0$　　　　　　　　(D) $dy<\Delta y<0$

2. 以下四个命题中,正确的是 ( )

   (A) 若 $f'(x)$ 在 $(0,1)$ 内连续,则 $f(x)$ 在 $(0,1)$ 内有界
   (B) 若 $f(x)$ 在 $(0,1)$ 内连续,则 $f(x)$ 在 $(0,1)$ 内有界
   (C) 若 $f'(x)$ 在 $(0,1)$ 内有界,则 $f(x)$ 在 $(0,1)$ 内有界
   (D) 若 $f(x)$ 在 $(0,1)$ 内有界,则 $f'(x)$ 在 $(0,1)$ 内有界

3. 若 $f(-x)=f(x)(-\infty<x<+\infty)$,在 $(-\infty,0)$ 内 $f'(x)>0$ 且 $f''(x)<0$,则在 $(0,+\infty)$ 内有 ( )

   (A) $f'(x)>0$,$f''(x)<0$　　　　　　(B) $f'(x)>0$,$f''(x)>0$
   (C) $f'(x)<0$,$f''(x)<0$　　　　　　(D) $f'(x)<0$,$f''(x)>0$

4. 已知函数 $y=f(x)$ 对一切 x 满足 $xf''(x)+3x[f'(x)]^2=1-e^{-x}$,若 $f'(x_0)=0$ ($x_0\neq 0$),则( )

   (A) $f(x_0)$ 是 $f(x)$ 的极大值
   (B) $f(x_0)$ 是 $f(x)$ 的极小值
   (C) $(x_0,f(x_0))$ 是曲线 $y=f(x)$ 的拐点
   (D) $f(x_0)$ 不是 $f(x)$ 的极值,$(x_0,f(x_0))$ 也不是曲线 $y=f(x)$ 的拐点

5. 设 $y=f(x)$ 是满足方程 $y''+y'=e^{\sin x}$ 的解,且 $f'(x_0)=0$,则 $f(x)$ ( )

   (A) 在 x_0 的某邻域内单调增加　　　(B) 在 x_0 的某邻域内单调减少
   (C) 在 x_0 处取得极小值　　　　　　(D) 在 x_0 处取得极大值

6. 曲线 $y=e^{\frac{1}{x^2}}\arctan\dfrac{x^2+x+1}{(x-1)(x+2)}$ 的渐近线有 ( )

   (A) 1条　　　(B) 2条　　　(C) 3条　　　(D) 4条

二、填空题(7~12小题,每小题3分,共18分)

7. 极限 $\lim\limits_{x\to 0^+}(\cot x)^{\frac{1}{\ln x}}=$ _____.

8. 设函数 $y(x)$ 由参数方程 $\begin{cases}x=t^3+3t+1,\\ y=t^3-3t+1\end{cases}$ 确定,则曲线 $y=y(x)$ 为凸函数的 x 取值范围是_____.

9. 曲线 $y=x\ln\left(e+\dfrac{1}{x}\right)$ $(x>0)$ 的渐近线方程为_____.

10. 函数 $y=x^5-4x+2$ 的拐点是_____.

11. 函数 $f(x)=\dfrac{1-x}{1+x}$ 在 $x=0$ 点处带拉格朗日型余项的 n 阶泰勒展开式为_____.

12. 曲线 $y=a\ln\left(1-\dfrac{x^2}{a^2}\right)(a>0)$ 上曲率半径最小的点的坐标为_____.

三、解答题(13~20 小题,每小题 8 分,共 64 分)

13. 设函数 $f(x)$ 在区间 $[0,1]$ 上连续,在 $(0,1)$ 内可导,且 $f(0)=f(1)=0$,$f\left(\dfrac{1}{2}\right)=1$.

    求证:

    (Ⅰ)存在 $\eta\in\left(\dfrac{1}{2},1\right)$,使得 $f(\eta)=\eta$;

    (Ⅱ)对任意实数 λ,必存在 $\xi\in(0,\eta)$,使得 $f'(\xi)-\lambda[f(\xi)-\xi]=1$.

14. 设函数 $f(x)=\begin{cases}\dfrac{g(x)}{x}, & x\neq 0,\\ 0, & x=0,\end{cases}$ 其中 $g(x)$ 可导,且在 $x=0$ 处二阶导数 $g''(0)$ 存在,且 $g(0)=g'(0)=0$,试求 $f'(x)$,并讨论 $f'(x)$ 的连续性.

15. 求 $\lim\limits_{x\to\infty}\left(\dfrac{a_1^{\frac{1}{x}}+a_2^{\frac{1}{x}}+\cdots+a_n^{\frac{1}{x}}}{n}\right)^{nx}$（其中 $a_1,a_2,\cdots,a_n>0$）.

16. 设 $f(x)$ 在 $[a,+\infty)$ 上连续，$f''(x)$ 在 $(a,+\infty)$ 上存在且大于零，记 $F(x)=\dfrac{f(x)-f(a)}{x-a}$ $(x>a)$，证明：$F(x)$ 在 $(a,+\infty)$ 内单调增加.

17. 设 $e<a<b<e^2$，证明：$\ln^2 b-\ln^2 a>\dfrac{4}{e^2}(b-a)$.

18. 设 $f(x)$ 在点 $x=1$ 处取得极值,且点 $(2,4)$ 是曲线 $y=f(x)$ 的拐点,又若 $f'(x)=3x^2+2ax+b$,求 $f(x)$ 及其极值.

19. 设 $a>1$,$f(t)=a^t-at$ 在 $(-\infty,+\infty)$ 内的驻点为 $\varphi(a)$,问 a 为何值时,$\varphi(a)$ 最小?并求出最小值.

20. 设 $f(x)$ 在 $[0,1]$ 上二阶可导,且 $f(0)=f(1)=0$,$f(x)$ 在 $[0,1]$ 上的最小值等于 -1,试证:至少存在一点 $\xi\in(0,1)$,使得 $f''(\xi)\geq 8$.

第四章 不定积分

本章必考点

必考点一：原函数的定义及性质

必考点二：求不定积分(凑微分法,第二类换元积分法,分部积分法,有理函数积分)

同步测试卷(A)

一、选择题(1~6小题,每小题3分,共18分)

1. 设 $F_1(x)$, $F_2(x)$ 是区间 I 内连续函数 $f(x)$ 的两个不同的原函数,且 $f(x) \neq 0$,则在区间 I 内必有
(　　)

   (A) $F_1(x) + F_2(x) = C$ 　　　　　　(B) $F_1(x) \cdot F_2(x) = C$

   (C) $F_1(x) = CF_2(x)$ 　　　　　　(D) $F_1(x) - F_2(x) = C$(C 为常数)

2. 下列等式中正确的是 (　　)

   (A) $\int f'(x)dx = f(x)$ 　　　　　　(B) $\int df(x) = f(x)$

   (C) $\dfrac{d}{dx}\int f(x)dx = f(x)$ 　　　　　　(D) $d\int f(x)dx = f(x)$

3. 若 $f'(x^2) = \dfrac{1}{x}(x>0)$,则 $f(x) =$ (　　)

   (A) $2x + C$ 　　　　　　(B) $\ln|x| + C$

   (C) $2\sqrt{x} + C$ 　　　　　　(D) $\dfrac{1}{\sqrt{x}} + C$

4. 若 $\int f(x)dx = F(x) + C$,则 $\int e^{-x}f(e^{-x})dx =$ (　　)

   (A) $F(e^x) + C$ 　　　　　　(B) $-F(e^{-x}) + C$

   (C) $F(e^{-x}) + C$ 　　　　　　(D) $\dfrac{F(e^{-x})}{x} + C$

5. 如果等式 $\int f(x)e^{-\frac{1}{x}}dx = -e^{-\frac{1}{x}} + C$,则函数 $f(x) =$ (　　)

   (A) $-\dfrac{1}{x}$ 　　　　(B) $-\dfrac{1}{x^2}$ 　　　　(C) $\dfrac{1}{x}$ 　　　　(D) $\dfrac{1}{x^2}$

25

6. $\int \dfrac{x+\sin x}{1+\cos x}dx=$ (   )

   (A) $\tan \dfrac{x}{2}+C$ (B) $x\tan \dfrac{x}{2}$

   (C) $2\tan \dfrac{x}{2}+C$ (D) $x\tan \dfrac{x}{2}+C$

二、填空题(7～12小题,每小题3分,共18分)

7. 已知 $f'(e^x)=xe^{-x}$,且 $f(1)=0$,则 $f(x)=$ _____.

8. $\int \dfrac{dx}{3+\sin^2 x}=$ _____.

9. 设 $f(x)=e^{-x}$,则 $\int \dfrac{f'(\ln x)}{x}dx=$ _____.

10. $\int \dfrac{(1+x^2)\cdot \arcsin x}{x^2 \cdot \sqrt{1-x^2}}dx=$ _____.

11. $\int \dfrac{\cos 2x}{\sin^2 x \cos^2 x}dx=$ _____.

12. $\int x^2 \sqrt{x^3+1}\,dx=$ _____.

三、解答题(13～20小题,每小题8分,共64分)

13. 若函数 $f(x)$ 的原函数是 $F(x)$,问 $f(x)$ 是否一定为连续函数?

14. 设 $f(\sin^2 x)=\dfrac{x}{\sin x}$,求 $\int \dfrac{\sqrt{x}}{\sqrt{1-x}}f(x)dx$.

15. 求不定积分 $\displaystyle\int \frac{\arctan e^x}{e^{2x}}dx$.

16. 求不定积分 $\displaystyle\int \frac{dx}{x^4(1+x^2)}$.

17. 求不定积分 $\displaystyle\int \frac{dx}{\sqrt{x}(1+\sqrt[3]{x})}$.

18. 求不定积分 $\int \dfrac{\sin x}{1+\sin x}\mathrm{d}x$.

19. 求不定积分 $\int \sin x \cdot \sin 2x \cdot \sin 3x\,\mathrm{d}x$.

20. 求不定积分 $\int \ln\left(1+\sqrt{\dfrac{1+x}{x}}\right)\mathrm{d}x\,(x>0)$.

同步测试卷(B)

一、选择题(1~6小题,每小题3分,共18分)

1. 若 $f(x)$ 的导函数为 $\sin x$,则 $f(x)$ 的一个原函数是 ( )

    (A) $1+\sin x$ 　　　　(B) $1-\sin x$

    (C) $1+\cos x$ 　　　　(D) $1-\cos x$

2. 设 $\int F'(x)\mathrm{d}x = \int G'(x)\mathrm{d}x$,则下列结论正确的是 ( )

    (A) $F(x) = G(x)$ 　　　　(B) $F(x) = G(x) + C$

    (C) $F'(x) = G'(x) + C$ 　　　　(D) $\mathrm{d}\int F(x)\mathrm{d}x = \mathrm{d}\int G(x)\mathrm{d}x$

3. 设 $f(x)$ 为连续函数,$\int f(x)\mathrm{d}x = F(x) + C$,则正确的是 ( )

    (A) $\int f(ax+b)\mathrm{d}x = F(ax+b) + C$ 　　　　(B) $\int f(x^n) x^{n-1}\mathrm{d}x = F(x^n) + C$

    (C) $\int f(\ln ax) \dfrac{1}{x}\mathrm{d}x = F(\ln ax) + C$ 　　　　(D) $\int f(\mathrm{e}^{-x})\mathrm{e}^{-x}\mathrm{d}x = F(\mathrm{e}^{-x}) + C$

4. 已知 $f(x)$ 的一个原函数为 $\ln^2 x$,则 $\int xf'(x)\mathrm{d}x =$ ( )

    (A) $2\ln x - \ln^2 x + C$ 　　　　(B) $\ln x + \ln^2 x$

    (C) $\ln x - \ln^2 x + C$ 　　　　(D) $2\ln x + C$

5. $\int \dfrac{f'(x)}{1+f^2(x)}\mathrm{d}x =$ ( )

    (A) $\ln|1+f(x)| + C$ 　　　　(B) $\dfrac{1}{2}\ln|1+f^2(x)| + C$

    (C) $\arctan f(x) + C$ 　　　　(D) $\dfrac{1}{2}\arctan f(x) + C$

6. $\int \dfrac{\mathrm{e}^{3x} + \mathrm{e}^x}{\mathrm{e}^{4x} - \mathrm{e}^{2x} + 1}\mathrm{d}x =$ ( )

    (A) $\tan(\mathrm{e}^x + \mathrm{e}^{-x}) + C$ 　　　　(B) $\tan(\mathrm{e}^x - \mathrm{e}^{-x}) + C$

    (C) $\arctan(\mathrm{e}^x - \mathrm{e}^{-x})$ 　　　　(D) $\arctan(\mathrm{e}^x - \mathrm{e}^{-x}) + C$

二、填空题(7~12小题,每小题3分,共18分)

7. $\int \dfrac{\mathrm{d}x}{(2-x)\sqrt{1-x}} =$ _____.

8. $\int \dfrac{3x^4 + 3x^2 + 1}{x^2 + 1}\mathrm{d}x =$ _____.

9. $\int \dfrac{\tan x}{\sqrt{\cos x}}\mathrm{d}x =$ _____.

10. 设 $\int xf(x)dx = \arcsin x + C$, 则 $\int \dfrac{1}{f(x)}dx = $ _____.

11. $\int x\sin x\cos x\,dx = $ _____.

12. $\int xf(x^2)f'(x^2)dx = $ _____.

三、解答题(13～20小题,每小题8分,共64分)

13. 设 $f(x) = \begin{cases} 1, & x<0, \\ x+1, & 0\leqslant x\leqslant 1, \\ 2x, & x>1, \end{cases}$ 求 $\int f(x)dx$.

14. 设 $f(x^2-1) = \ln\dfrac{x^2}{x^2-2}$, 且 $f[\varphi(x)] = \ln x$, 求 $\int \varphi(x)dx$.

15. 求不定积分 $\int \dfrac{1}{x}\sqrt{\dfrac{1-x}{1+x}}\,dx$.

16. 求不定积分 $\int \dfrac{1}{\sqrt{1+x}+\sqrt[3]{1+x}}\,dx$.

17. 求不定积分 $\int \dfrac{\arctan x}{x^2(1+x^2)}\,dx$.

18. 求不定积分 $\int \dfrac{\arcsin e^x}{e^x} dx$.

19. 求不定积分 $\int \dfrac{\ln \sin x}{\sin^2 x} dx$.

20. 求不定积分 $\int \dfrac{dx}{\sin(2x) + 2\sin x}$.

第五章 定积分

本章必考点

必考点一：定积分的定义及性质
必考点二：变限积分函数求导
必考点三：积分中值定理的应用
必考点四：求定积分（凑微分法，换元积分法，分部积分法）

同步测试卷（A）

一、选择题（1~6小题，每小题3分，共18分）

1. 设 $M=\int_{-\frac{\pi}{2}}^{\frac{\pi}{2}}\frac{\sin x}{1+x^2}\cos^4 x\,dx$，$N=\int_{-\frac{\pi}{2}}^{\frac{\pi}{2}}(\sin^3 x+\cos^4 x)\,dx$，$P=\int_{-\frac{\pi}{2}}^{\frac{\pi}{2}}(x^2\sin^3 x-\cos^4 x)\,dx$，则有 ( )

   (A) $N<P<M$ (B) $M<P<N$
   (C) $N<M<P$ (D) $P<M<N$

2. 设 $f(x)$ 为连续函数，且 $F(x)=\int_{\frac{1}{x}}^{\ln x}f(t)\,dt$，则 $F'(x)=$ ( )

   (A) $\frac{1}{x}f(\ln x)+\frac{1}{x^2}f\left(\frac{1}{x}\right)$ (B) $f(\ln x)+f\left(\frac{1}{x}\right)$
   (C) $\frac{1}{x}f(\ln x)-\frac{1}{x^2}f\left(\frac{1}{x}\right)$ (D) $f(\ln x)-f\left(\frac{1}{x}\right)$

3. 设 $f(x)$ 连续，$I=t\int_0^{\frac{s}{t}}f(tx)\,dx$，其中 $t>0$，$s>0$，则 I 的值 ( )

   (A) 依赖于 s 和 t (B) 不依赖于 s，t
   (C) 依赖于 t，不依赖于 s (D) 依赖于 s，不依赖于 t．

4. 把 $x\to 0^+$ 时的无穷小量 $\alpha=\int_0^x\cos t^2\,dt$，$\beta=\int_0^{x^2}\tan\sqrt{t}\,dt$，$\gamma=\int_0^{\sqrt{x}}\sin t^3\,dt$ 排列起来，使排在后面的是前一个的高阶无穷小，则正确的排列次序是 ( )

   (A) α,β,γ (B) α,γ,β
   (C) β,α,γ (D) β,γ,α

5. 设 $f(x)$ 是奇函数,除 $x=0$ 外处处连续,$x=0$ 是其第一类间断点,则 $\int_0^x f(t)dt$ 是 ( )

(A)连续的奇函数   (B)连续的偶函数

(C)在 $x=0$ 间断的奇函数   (D)在 $x=0$ 间断的偶函数

6. 下列积分中可直接用牛顿-莱布尼茨公式计算的是 ( )

(A) $\int_0^5 \dfrac{x\mathrm{d}x}{x^2+1}$ (B) $\int_{-1}^1 \dfrac{x\mathrm{d}x}{\sqrt{1-x^2}}$

(C) $\int_{\frac{1}{e}}^{e} \dfrac{\mathrm{d}x}{x\ln x}$ (D) $\int_1^{+\infty} \dfrac{\mathrm{d}x}{x}$

二、填空题(7~12 小题,每小题 3 分,共 18 分)

7. $\int_{-50\pi}^{50\pi} |\sin x|\mathrm{d}x = $ _____.

8. 函数 $f\left(x+\dfrac{1}{x}\right) = \dfrac{x+x^3}{1+x^4}$,求积分 $\int_2^{2\sqrt{2}} f(x)\mathrm{d}x = $ _____.

9. 若 $f(x) = \dfrac{1}{1+x^2} + \sqrt{1-x^2}\int_0^1 f(x)\mathrm{d}x$,则 $\int_0^1 f(x)\mathrm{d}x = $ _____.

10. $\int_0^1 \sqrt{2x-x^2}\mathrm{d}x = $ _____.

11. $\int_{-\frac{\pi}{2}}^{\frac{\pi}{2}} (x^3+\sin^2 x)\cos^2 x\mathrm{d}x = $ _____.

12. $\int_{-\frac{1}{2}}^{\frac{1}{2}} \dfrac{x^3-3x+1}{\sqrt{1-x^2}}\mathrm{d}x = $ _____.

三、解答题(13~20 小题,每小题 8 分,共 64 分)

13. 证明:$1 \leqslant \int_0^1 e^{x^2}\mathrm{d}x \leqslant e$.

14. 求极限 $\lim\limits_{x\to 0} \dfrac{\int_0^x \left[\int_0^{u^2} \arctan(1+t)\mathrm{d}t\right]\mathrm{d}u}{x(1-\cos x)}$.

15. 设 $f(x), g(x)$ 在 $[a,b]$ 上连续,且 $g(x) \neq 0, x \in [a,b]$,试证:至少存在一点 $\xi \in (a,b)$,使得
$$\frac{\int_a^b f(x)\mathrm{d}x}{\int_a^b g(x)\mathrm{d}x} = \frac{f(\xi)}{g(\xi)}.$$

16. 设 $f(x)$ 在区间 $[a,b]$ 上连续,$g(x)$ 在区间 $[a,b]$ 上连续不变号.证明:至少存在一点 $\xi \in [a,b]$,使下式成立:
$$\int_a^b f(x)g(x)\mathrm{d}x = f(\xi)\int_a^b g(x)\mathrm{d}x (积分第一中值定理).$$

17. 求 $\int_0^\pi \sqrt{\cos^2 x - \cos^4 x}\, \mathrm{d}x$.

18. 求 $\int_0^1 t|t-x|\,dt$.

19. 设 $f(x)=\int_\pi^x \dfrac{\sin t}{t}\,dt$，求 $\int_0^\pi f(x)\,dx$.

20. 设 $f(x)=\begin{cases} x^2, & x\in[0,1), \\ x, & x\in[1,2], \end{cases}$ 求 $\Phi(x)=\int_0^x f(x)\,dt$ 在 $[0,2]$ 上的表达式，并讨论 $\Phi(x)$ 在 $(0,2)$ 内的连续性.

同步测试卷(B)

一、选择题(1~6小题,每小题3分,共18分)

1. 设 $f(x)$ 是实数集上连续的偶函数,在 $(-\infty,0)$ 上有唯一零点 $x_0=-1$,且 $f'(x_0)=1$,则函数 $F(x)=\int_0^x f(t)\mathrm{d}t$ 的严格单调增区间是 ( )

   (A) $(-\infty,-1)$　　　　　　　　　(B) $(-1,0)$
   (C) $(-1,1)$　　　　　　　　　　　(D) $(1,+\infty)$

2. 设函数 $f(x)$ 在 $[0,a]$ 上连续,且 $f(x)+f(a-x)\neq 0, x\in[0,a]$,则 $\int_0^a \dfrac{f(x)}{f(x)+f(a-x)}\mathrm{d}x=$ ( )

   (A) 0　　　　(B) 1　　　　(C) $\dfrac{a}{2}$　　　　(D) a

3. 设 $F(x)=\int_x^{x+2\pi} e^{\sin t}\sin t\,\mathrm{d}t$,则 $F(x)$ ( )

   (A) 为正常数　　　　　　　　　(B) 为负常数
   (C) 恒为零　　　　　　　　　　(D) 不为常数

4. 设 $f(x)=\begin{cases} 1, & x>0, \\ 0, & x=0, \\ -1, & x<0, \end{cases}$ $F(x)=\int_0^x f(t)\mathrm{d}t$,则 ( )

   (A) $F(x)$ 在 $x=0$ 点不连续
   (B) $F(x)$ 在 $(-\infty,+\infty)$ 内连续,在 $x=0$ 点不可导
   (C) $F(x)$ 在 $(-\infty,+\infty)$ 内可导,且满足 $F'(x)=f(x)$
   (D) $F(x)$ 在 $(-\infty,+\infty)$ 内可导,但不一定满足 $F'(x)=f(x)$

5. 设 $f(x)$ 有连续的导数,$f(0)=0, f'(0)\neq 0$,$F(x)=\int_0^x (x^2-t^2)f(t)\mathrm{d}t$,且当 $x\to 0$ 时,$F'(x)$ 与 x^k 是同阶无穷小,则 k 等于 ( )

   (A) 1　　　　(B) 2　　　　(C) 3　　　　(D) 4

6. 若 e^{-x} 是 $f(x)$ 的一个原函数,则 $\int_1^{\sqrt{2}} \dfrac{1}{x^2}\cdot f(\ln x)\mathrm{d}x=$ ( )

   (A) $-\dfrac{1}{4}$　　　　(B) -1　　　　(C) $\dfrac{1}{4}$　　　　(D) 1

二、填空题(7~12小题,每小题3分,共18分)

7. 设 $I=\int_0^{\frac{\pi}{4}}\ln\sin x\,\mathrm{d}x, J=\int_0^{\frac{\pi}{4}}\ln\cot x\,\mathrm{d}x, K=\int_0^{\frac{\pi}{4}}\ln\cos x\,\mathrm{d}x$,则 I,J,K 的大小关系为_____.

8. $\int_{-1}^{1}(x+\sqrt{1-x^2})^2\,dx = $ _____.

9. 设 $f(x)=\begin{cases} xe^{x^2}, & -\frac{1}{2}\leqslant x<\frac{1}{2}, \\ -1, & x\geqslant \frac{1}{2}, \end{cases}$ 则 $\int_{\frac{1}{2}}^{2} f(x-1)\,dx = $ _____.

10. 已知 $\int_0^x f(t)\,dt = xf(ux)$, 且 $f(x)=e^x$, 则 $\lim\limits_{x\to 0} u = $ _____.

11. $\lim\limits_{n\to\infty} n\left(\dfrac{1}{1+n^2}+\dfrac{1}{2^2+n^2}+\cdots+\dfrac{1}{n^2+n^2}\right) = $ _____.

12. 如图所示,函数 $f(x)$ 是以 2 为周期的连续周期函数,它在 $[0,2]$ 上的图形为分段直线, $g(x)$ 是线性函数,则 $\int_0^2 f[g(x)]\,dx = $ _____.

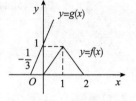

三、解答题(13～20 小题,每小题 8 分,共 64 分)

13. 用定积分定义求极限 $\lim\limits_{n\to\infty}\left(\dfrac{1}{\sqrt{n^2+1}}+\dfrac{1}{\sqrt{n^2+2^2}}+\cdots+\dfrac{1}{\sqrt{n^2+n^2}}\right)$.

14. 试确定常数 a,b,c 的值,使 $\lim\limits_{x\to 0}\dfrac{ax-\sin x}{\int_b^x \dfrac{\ln(1+t^3)}{t}\,dt}=c\;(c\neq 0)$.

15. 设 $f(x)$ 在 $[0,1]$ 上可导,$F(x)=\int_0^x t^2 f(t)\mathrm{d}t$,且 $F(1)=f(1)$. 证明:在 $(0,1)$ 内至少存在一点 ξ,使得 $f'(\xi)=\dfrac{-2f(\xi)}{\xi}$.

16. 已知 $f(x)=x^2-x\int_0^2 f(x)\mathrm{d}x+2\int_0^1 f(x)\mathrm{d}x$,试求 $f(x)$.

17. 计算定积分 $I=\int_{-\pi}^{\pi}\dfrac{x\sin x \cdot \arctan \mathrm{e}^x}{1+\cos^2 x}\mathrm{d}x$.

18. 设 n 为自然数,求 $\int_{e^{-2n\pi}}^{1} \left| \dfrac{d}{dx}\left[\cos\left(\ln \dfrac{1}{x} \right) \right] \right| dx$.

19. 计算定积分 $I = \int_{0}^{\frac{\pi}{2}} \dfrac{1}{1+(\tan x)^{\sqrt{3}}} dx$.

20. （Ⅰ）计算 $\int_{0}^{n\pi} t |\sin t|\, dt$,其中 n 为正整数;

（Ⅱ）求 $\lim\limits_{x \to +\infty} \dfrac{1}{x^2} \int_{0}^{x\pi} t |\sin t|\, dt$.

第六章 定积分的应用

本章必考点

必考点一：利用定积分求平面图形的面积

必考点二：利用定积分求曲线的弧长

必考点三：利用定积分求立体体积

必考点四：定积分在物理学方面的应用

同步测试卷(A)

一、选择题(1～6小题,每小题3分,共18分)

1. 位于曲线 $y=xe^{-x}(0 \leqslant x < +\infty)$ 下方, x 轴上方的无界图形面积 A 为 ( )

   (A) 1　　　　(B) 2　　　　(C) $\dfrac{\sqrt{2}}{2}$　　　　(D) $\sqrt{3}$

2. 曲线 $x=a\cos^3 t, y=a\sin^3 t(a>0)$ 所围面积 $A=$ ( )

   (A) $\dfrac{3}{2}\pi a^2$　　　　(B) πa^2　　　　(C) $\dfrac{3}{8}\pi a^2$　　　　(D) $2\pi a^2$

3. 由连续曲线 $y=f_1(x), y=f_2(x)(f_1(x) \leqslant f_2(x))$ 与直线 $x=a, x=b(a \leqslant b)$ 围成的图形面积 S 为 ( )

   (A) $S = \int_a^b f_1(x)dx + \int_a^b f_2(x)dx$

   (B) $S = \int_a^b f_1(x)dx - \int_a^b f_2(x)dx$

   (C) $S = \int_a^b [f_2(x) - f_1(x)]dx$

   (D) $S = -\int_a^b [f_1(x) + f_2(x)]dx$

4. 双纽线 $(x^2+y^2)^2 = x^2 - y^2$ 所围成的区域面积用定积分表示为 ( )

   (A) $2\int_0^{\frac{\pi}{4}} \cos 2\theta d\theta$　　　　　　　　　(B) $4\int_0^{\frac{\pi}{4}} \cos 2\theta d\theta$

   (C) $2\int_0^{\frac{\pi}{4}} \sqrt{\cos 2\theta} d\theta$　　　　　　　(D) $\dfrac{1}{2}\int_0^{\frac{\pi}{4}} (\cos 2\theta)^2 d\theta$

5. 把抛物线 $y^2=4ax$ 及直线 $x=x_0(x_0>0)$ 所围成的图形绕 x 轴旋转，所得旋转体的体积 $V=$ （   ）

(A) $\pi a x_0^2$ (B) $2\pi a x_0$

(C) $\pi a x_0^3$ (D) $2\pi a x_0^2$

6. 一底为 8 cm、高为 6 cm 的等腰三角形片，铅直地沉没在水中，顶在上、底在下且与水面平行，而顶离水面 3 cm，则它每面所受的压力为 （   ）

(A) 1.85 N   (B) 2 N   (C) 3 N   (D) 1.65 N

二、填空题（7~12 小题，每小题 3 分，共 18 分）

7. 由曲线 $y=x+\dfrac{1}{x}$，$x=2$ 及 $y=2$ 所围图形的面积 $S=$ _____.

8. 心形线 $\rho=a(1-\cos\theta)$ 的全长 $s=$ _____.

9. 函数 $y=\dfrac{x^2}{\sqrt{1-x^2}}$ 在区间 $\left[\dfrac{1}{2},\dfrac{\sqrt{3}}{2}\right]$ 上的平均值为 _____.

10. 曲线 $L: y=x^2 (0\leqslant x\leqslant\sqrt{2})$，则 $\int_0^{\sqrt{2}} x\,ds=$ _____ (s 表示弧长).

11. $r=2a\cos\theta (a>0)$ 所围成图形的面积为 _____.

12. 由 $y=e^x$，$y=\sin x$，$x=0$，$x=1$ 围成的图形绕 x 轴旋转所成立体的体积为 _____.

三、解答题（13~20 小题，每小题 8 分，共 64 分）

13. 求由曲线 $y=1-2x^2$ 及直线 $y=x$，$x=\dfrac{1}{4}$，$x=2$ 所围成的平面图形的面积 A.

14. 设有曲线 $y=\sqrt{x-1}$，过原点作其切线，求由此曲线、切线及 x 轴围成的平面图形绕 x 轴旋转一周所得到的旋转体的表面积.

15. 曲线 $y=a\sqrt{x}(a>0)$ 与 $y=\ln\sqrt{x}$ 在 (x_0,y_0) 处有公切线，求：

（Ⅰ）常数 a 及点 (x_0,y_0)；

（Ⅱ）两曲线与 x 轴围成的图形面积 S.

16. 在曲线 $y=x^2(x\geqslant 0)$ 上某点 A 处作一切线，使此切线与曲线及 x 轴所围成图形面积为 $\dfrac{1}{12}$，求 A 的坐标及过切点 A 的切线方程.

17. 求曲线 $y=3-|x^2-1|$ 与 x 轴围成的封闭图形绕直线 $y=3$ 旋转所得的旋转体体积.

18. 平面图形 A 由 $x^2+y^2\leqslant 2x$ 与 $y\geqslant x$ 确定,求 A 绕 $x=2$ 旋转一周所得旋转体体积 V.

19. 用铁锤将一铁钉击入木板,设木板对铁钉的阻力与铁钉击入木板的深度成正比,在击第一次时,将铁钉击入木板 1 cm. 如果铁锤每次打击铁钉所做的功相等,问锤击第二次时,铁钉又击入了多少?

20. 设星形线 $x=a\cos^3 t, y=a\sin^3 t$ 上每一点处的线密度的大小等于该点到原点距离的立方,在原点 O 处有一单位质点,求星形线的第一象限的弧段对这质点的引力.

同步测试卷(B)

一、选择题(1~6 小题,每小题 3 分,共 18 分)

1. 曲线 $y=x(x-1)(2-x)$ 与 x 轴所围图形的面积可表示为 ( )

   (A) $-\int_0^2 x(x-1)(2-x)\mathrm{d}x$

   (B) $\int_0^1 x(x-1)(2-x)\mathrm{d}x - \int_1^2 x(x-1)(2-x)\mathrm{d}x$

   (C) $-\int_0^1 x(x-1)(2-x)\mathrm{d}x + \int_1^2 x(x-1)(2-x)\mathrm{d}x$

   (D) $\int_0^1 x(x-1)(2-x)\mathrm{d}x$

2. 设 $f(x),g(x)$ 在区间 $[a,b]$ 上连续,且 $g(x)<f(x)<m$(m 为常数),则曲线 $y=g(x),y=f(x),x=a$ 及 $x=b$ 所围平面图形绕直线 $y=m$ 旋转而成的旋转体的体积为 ( )

   (A) $\int_a^b \pi[2m-f(x)+g(x)][f(x)-g(x)]\mathrm{d}x$

   (B) $\int_a^b \pi[2m-f(x)-g(x)][f(x)-g(x)]\mathrm{d}x$

   (C) $\int_a^b \pi[m-f(x)+g(x)][f(x)-g(x)]\mathrm{d}x$

   (D) $\int_a^b \pi[m-f(x)-g(x)][f(x)-g(x)]\mathrm{d}x$

3. 设在区间 $[a,b]$ 上 $f(x)>0, f'(x)<0, f''(x)>0$,令
$$S_1=\int_a^b f(x)\mathrm{d}x, S_2=f(b)(b-a), S_3=\frac{1}{2}[f(a)+f(b)](b-a),$$
则 ( )

   (A) $S_1<S_2<S_3$ (B) $S_2<S_1<S_3$ (C) $S_3<S_1<S_2$ (D) $S_2<S_3<S_1$

4. 曲线的极坐标方程为 $\rho=e^{a\theta}(a>0)$,则曲线上相应于 θ 从 0 到 2π 的一段弧与极轴所围成的图形面积为 ( )

   (A) $\frac{1}{4a}(e^\pi-1)$ (B) $\frac{1}{4a}(e^{4\pi a}-1)$ (C) $\frac{1}{2a}(e^{2\pi a}-1)$ (D) $\frac{1}{a(e^{2\pi a}-1)}$

5. 设 $g(x)=\int_0^x f(u)\mathrm{d}u$,其中 $f(x)=\begin{cases}\frac{1}{2}(x^2+1), & 0\leqslant x<1, \\ \frac{1}{3}(x-1), & 1\leqslant x<2,\end{cases}$ 则 $g(x)$ 在区间 $(0,2)$ 内 ( )

   (A) 无界   (B) 递减   (C) 不连续   (D) 连续

6. 如果 $f(x)$ 在 $[-1,1]$ 连续,且平均值为 2,则 $\int_1^{-1} f(x)dx$ 为 (   )

(A)—1　　　　　(B)1　　　　　(C)—4　　　　　(D)4

二、填空题(7～12 小题,每小题 3 分,共 18 分)

7. 曲线 $y=|\ln x|$ 与 $x=\dfrac{1}{e}$,$x=e$ 及 $y=0$ 围成的区域面积 $S=$ _____.

8. 摆线 $\begin{cases} x=1-\cos t, \\ y=t-\sin t \end{cases}$ $(0\leqslant t\leqslant 2\pi)$ 的弧长为 _____.

9. 对数螺线 $\rho=e^{2\varphi}$ 上 $\varphi=0$ 到 $\varphi=2\pi$ 的弧长为 _____.

10. 由曲线 $x^2+(y-5)^2=16$ 所围成的图形绕 x 轴旋转所产生的立体体积 $V=$ _____.

11. 一根长为 1 的细棒位于 x 轴的区间 $[0,1]$ 上,若其线密度 $\rho=-x^2+2x+1$,则该细棒的质心横坐标 $\bar{x}=$ _____.

12. 半径等于 r m 的半球形水池,其中充满了水.把池内的水完全吸尽,所做的功为 _____.

三、解答题(13～20 小题,每小题 8 分,共 64 分)

13. 已知一抛物线通过 x 轴上的两点 $A(1,0),B(3,0)$.

(Ⅰ)求证:两坐标轴与该抛物线所围图形的面积等于 x 轴与该抛物线所围图形的面积;

(Ⅱ)计算上述两个平面图形绕 x 轴旋转一周所产生的两个旋转体体积之比.

14. 已知曲线 $L:\begin{cases} x=f(t), \\ y=\cos t \end{cases}$ $\left(0\leqslant t<\dfrac{\pi}{2}\right)$,其中函数 $f(t)$ 具有连续导数,且 $f(0)=0$,$f'(t)>0$ $\left(0<t<\dfrac{\pi}{2}\right)$.若曲线 L 的切线与 x 轴的交点到切点的距离恒为 1,求函数 $f(t)$ 的表达式,并求以曲线 L 及 x 轴和 y 轴为边界的区域的面积.

15. 如图所示，抛物线 $y=px^2+qx$（其中 $p<0, q>0$）在第一象限内与直线 $x+y=5$ 相切，且此抛物线与 x 轴围成的平面图形的面积为 S.

(Ⅰ) 问 p 和 q 为何值时，S 达到最大值？

(Ⅱ) 求出此最大值.

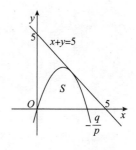

16. 曲线 $y=\dfrac{e^x+e^{-x}}{2}$ 与直线 $x=0, x=t(t>0)$ 及 $y=0$ 围成一曲边梯形，该曲边梯形绕 x 轴旋转一周得一旋转体，其体积为 $V(t)$，侧面积为 $S(t)$，在 $x=t$ 处的底面积为 $F(t)$.

(Ⅰ) 求 $\dfrac{S(t)}{V(t)}$ 的值；

(Ⅱ) 计算极限 $\lim\limits_{t\to+\infty}\dfrac{S(t)}{F(t)}$.

17. 求圆盘 $x^2+y^2\leqslant a^2$ 绕 $x=-b(b>a>0)$ 旋转所成旋转体的体积 V.

18. 在摆线 $x=a(t-\sin t), y=a(1-\cos t)$ 上求分摆线第一拱成 1∶3 的点的坐标.

19. 设有一正椭圆柱体,其底面长轴、短轴分别为 $2a$ 和 $2b$,用过此柱体底面的短轴且与底面成 α 角 $\left(0<\alpha<\dfrac{\pi}{2}\right)$ 的平面截此柱体,得一楔形体(如图),求此楔形体的体积 V.

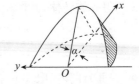

20. 设有一长度为 l、线密度为 μ 的均匀细直棒,在与棒的一端垂直距离为 a 单位处有一质量为 m 的质点 M,试求这细棒对质点 M 的引力.

第七章 微分方程

本章必考点

必考点一：微分方程通解、特解的定义及性质

必考点二：一阶微分方程(可分离变量方程、齐次方程，一阶线性微分方程)的求解

必考点三：二阶可降阶微分方程的求解

必考点四：二阶常系数齐次、非齐次微分方程的求解

同步测试卷(A)

一、选择题(1～6小题，每小题3分，共18分)

1. 微分方程 $(x-2xy-y^2)\dfrac{dy}{dx}+y^2=0$ 的通解为　　　　　　　　　　　　　　　　(　　)

   (A) $y=x^2+Cx^2 e^{\frac{1}{y}}$　　　　　　　　　　(B) $y=Cx^2 e^{\frac{1}{y}}$

   (C) $y=x^2+Cx^2 e^{\frac{3}{y}}$　　　　　　　　　　(D) $x=y^2+Cy^2 e^{\frac{1}{y}}$

2. 若连续函数 $f(x)$ 满足关系式 $f(x)=\displaystyle\int_0^{2x} f\left(\dfrac{t}{2}\right)dt+\ln 2$，则 $f(x)$ 为 (　　)

   (A) $e^x \ln 2$　　　　　　　　　　(B) $e^{2x}\ln 2$

   (C) $e^x+\ln 2$　　　　　　　　　　(D) $e^{2x}+\ln 2$

3. 方程 $y''=-\dfrac{1}{3x^2}$ 的通解是 (　　)

   (A) $\dfrac{1}{3}\ln(C_1 x)+C_2$　　　　　　　　　　(B) $\dfrac{1}{3}\ln(C_1 x)+C_2 x$

   (C) $2x+\ln(C_1 x^{\frac{1}{3}})+C_2$　　　　　　　　　(D) $\dfrac{1}{3}\ln(C_1 x)+2x+C_2$

4. 设非齐次线性微分方程 $y'+P(x)y=Q(x)$ 有两个不同的解 $y_1(x),y_2(x)$，C 为任意常数，则该方程的通解为 (　　)

   (A) $C[y_1(x)-y_2(x)]$　　　　　　　　　(B) $y_1(x)+C[y_1(x)+y_2(x)]$

   (C) $C[y_1(x)+y_2(x)]$　　　　　　　　　(D) $y_1(x)+C[y_1(x)-y_2(x)]$

5. 函数 $y=C_1 e^x+C_2 e^{-2x}+xe^x$ 满足的一个微分方程是 (　　)

   (A) $y''-y'-2y=3xe^x$　　　　　　　　　(B) $y''-y'-2y=3e^x$

(C) $y''+y'-2y=3e^x$　　　　　　　　　(D) $y''+y'-2y=3xe^x$

6. 微分方程 $y''+y=x^2+1+\sin x$ 的特解形式为 (　　)

(A) $y^*=ax^2+bx+c+x(A\sin x+B\cos x)$

(B) $y^*=x(ax^2+bx+c+A\sin x+B\cos x)$

(C) $y^*=ax^2+bx+c+A\sin x$

(D) $y^*=ax^2+bx+c+A\cos x$

二、填空题(7～12 小题,每小题 2 分,共 18 分)

7. 微分方程 $y^{(4)}-2y'''+2y''-2y'+y=0$ 的通解为_____.

8. 以 $y=C_1e^x+C_2e^{-x}-x$ 为通解的微分方程是_____.

9. 微分方程 $y'+y\tan x=\cos x$ 的通解为_____.

10. 微分方程 $(y+x^3)dx-2xdy=0$ 满足 $y\big|_{x=1}=\dfrac{6}{5}$ 的特解为_____.

11. 微分方程 $xy'+y=xe^x$ 满足 $y(1)=1$ 的特解为_____.

12. 微分方程 $y''+y=-2x$ 的通解为_____.

三、解答题(13～20 小题,每小题 8 分,共 64 分)

13. 求微方程 $(x+y)dx+(3x+3y-4)dy=0$ 的通解.

14. 设 $F(x)=f(x)g(x)$,其中函数 $f(x),g(x)$ 在 $(-\infty,+\infty)$ 内满足下列条件:

$f'(x)=g(x),g'(x)=f(x)$,且 $f(0)=0,f(x)+g(x)=2e^x$.

(Ⅰ) 求 $F(x)$ 所满足的一阶微分方程;

(Ⅱ) 求 $F(x)$ 的表达式.

15. 已知 $\int_0^1 f(\alpha x)\,d\alpha = \dfrac{1}{2}f(x)+1$，且 $f'(x)$ 存在，求 $f(x)$.

16. 求满足 $\begin{cases} xy'+(1-x)y=e^{2x}, \\ \lim\limits_{x\to 0^+}y(x)=1 \end{cases}$ $(0<x<+\infty)$ 的函数 y 的表达式.

17. 设 $\varphi(x)=e^x-\int_0^x (x-u)\varphi(u)\,du$，其中 $\varphi(x)$ 为连续函数，求 $\varphi(x)$.

18. 已知 $y_1 = xe^x + e^{2x}$, $y_2 = xe^x + e^{-x}$, $y_3 = xe^x + e^{2x} - e^{-x}$ 是某二阶线性非齐次微分方程的三个解，求此微分方程.

19. 设函数 $f(x), g(x)$ 满足 $f'(x) = g(x)$, $g'(x) = 2e^x - f(x)$, 且 $f(0) = 0, g(0) = 2$, 求 $\int_0^\pi \left[\dfrac{g(x)}{1+x} - \dfrac{f(x)}{(1+x)^2} \right] dx$.

20. 求微分方程 $xdy + (x - 2y)dx = 0$ 的一个解 $y = y(x)$, 使由曲线 $y = y(x)$ 与直线 $x = 1, x = 2$ 及 x 轴所围成的平面图形绕 x 轴旋转一周所得的旋转体体积最小.

同步测试卷(B)

一、选择题(1~6小题,每小题3分,共18分)

1. 设 y_1, y_2 是二阶常系数线性齐次方程 $y''+py'+qy=0$ 的两个特解,其中 p,q 为常数,则由 y_1 与 y_2 能构成该方程的通解,其充分条件为 (   )

   (A) $y_1(x)y'_2(x) - y_2(x)y'_1(x) = 0$

   (B) $y_1(x)y'_2(x) - y_2(x)y'_1(x) \neq 0$

   (C) $y_1(x)y'_2(x) + y_2(x)y'_1(x) = 0$

   (D) $y_1(x)y'_2(x) + y_2(x)y'_1(x) \neq 0$

2. 设 $y=y(x)$ 是二阶常系数微分方程 $y''+py'+qy=e^{3x}$ 满足初始条件 $y(0)=y'(0)=0$ 的特解,则当 $x \to 0$ 时,函数 $\dfrac{\ln(1+x^2)}{y(x)}$ 的极限 (   )

   (A) 不存在 (B) 等于1

   (C) 等于2 (D) 等于3

3. 微分方程 $2xy^3 y' + x^4 - y^4 = 0$ 的通解为 (   )

   (A) $x^4 + y^4 = Cx^2$ (B) $x^4 - y^4 = Cx^2$

   (C) $x^4 + y^4 = Cx$ (D) $x^4 - y^4 = Cx^3$

4. 微分方程 $y'' - \lambda^2 y = e^{\lambda x} + e^{-\lambda x}$ $(\lambda > 0)$ 的特解形式为 (   )

   (A) $a(e^{\lambda x} + e^{-\lambda x})$ (B) $ax(e^{\lambda x} + e^{-\lambda x})$

   (C) $x(ae^{\lambda x} + be^{-\lambda x})$ (D) $x^2(ae^{\lambda x} + be^{-\lambda x})$

5. 具有特解 $y_1 = e^{-x}, y_2 = 2xe^{-x}, y_3 = 3e^x$ 的三阶常系数齐次线性微分方程是 (   )

   (A) $y''' - y'' - y' + y = 0$ (B) $y''' + y'' - y' - y = 0$

   (C) $y''' - 6y'' + 11y' - 6y = 0$ (D) $y''' - 2y'' - y' + 2y = 0$

6. 已知函数 $y=y(x)$ 在任意点 x 处的增量 $\Delta y = \dfrac{y\Delta x}{1+x^2} + \alpha$,且当 $\Delta x \to 0$ 时,α 是 Δx 的高阶无穷小,$y(0)=\pi$,则 $y(1)$ 等于 (   )

   (A) 2π (B) π

   (C) $e^{\frac{\pi}{4}}$ (D) $\pi e^{\frac{\pi}{4}}$

二、填空题(7~12小题,每小题3分,共18分)

7. 微分方程 $(y+x^3)dx + xdy = 0$ 满足 $y\big|_{x=1}=1$ 的特解为_____.

8. 已知曲线 $y=f(x)$ 过点 $\left(0, -\dfrac{1}{2}\right)$,且其上任一点 (x,y) 处的切线斜率为 $x\ln(1+x^2)$,则 $f(x)=$ _____.

9. 微分方程 $yy''+y'^2=0$ 满足初始条件 $y\big|_{x=0}=1, y'\big|_{x=0}=\dfrac{1}{2}$ 的特解是_____.

10. 微分方程 $ydx+(x^2-4x)dy=0$ 的通解为_____.

11. 过点 $\left(\dfrac{1}{2},0\right)$ 且满足关系式 $y'\arcsin x+\dfrac{y}{\sqrt{1-x^2}}=1$ 的曲线方程为_____.

12. 微分方程 $y''-4y=e^{2x}$ 的通解为_____.

三、解答题(13~20 小题,每小题 8 分,共 64 分)

13. 求初值问题 $\begin{cases}(y+\sqrt{x^2+y^2})dx-xdy=0(x>0),\\ y\big|_{x=1}=0\end{cases}$ 的解.

14. 设对于一切实数 x,函数 $f(x)$ 满足等式 $f'(x)=x^2+\displaystyle\int_0^x f(t)dt$,且 $f(0)=2$,求 $f(x)$.

15. 函数 $f(x)$ 在 $[0,+\infty)$ 上可导，$f(0)=0$，且其反函数为 $g(x)$. 若 $\int_0^{f(x)} g(t)dt = x^2 e^x$，求 $f(x)$.

16. 设有微分方程 $y'-2y=\varphi(x)$，其中 $\varphi(x)=\begin{cases}2, & x<1,\\ 0, & x>1,\end{cases}$ 试求在 $(-\infty,+\infty)$ 内的连续函数 $y=y(x)$，使之在 $(-\infty,1)$ 和 $(1,+\infty)$ 内都满足所给方程，且满足条件 $y(0)=0$.

17. 设函数 $f(x)$ 在 $(0,+\infty)$ 内连续，$f(1)=\dfrac{5}{2}$，且对所有 $x,t\in(0,+\infty)$，满足条件
$$\int_1^{xt} f(u)du = t\int_1^x f(u)du + x\int_1^t f(u)du,$$
求 $f(x)$.

18. 设对任意 $x>0$，曲线 $y=f(x)$ 上点 $(x,f(x))$ 处的切线在 y 轴上的截距等于 $\dfrac{1}{x}\displaystyle\int_0^x f(t)\,\mathrm{d}t$，求 $f(x)$ 的一般表达式.

19. 函数 $f(x)$ 在 $[0,+\infty)$ 上可导，$f(0)=1$，且满足等式
$$f'(x)+f(x)-\dfrac{1}{x+1}\int_0^x f(t)\,\mathrm{d}t=0.$$
（Ⅰ）求导数 $f'(x)$；

（Ⅱ）证明：当 $x\geqslant 0$ 时，不等式 $\mathrm{e}^{-x}\leqslant f(x)\leqslant 1$ 成立.

20. 有一平底容器，其内侧壁是由曲线 $x=\varphi(y)$ $(y\geqslant 0)$ 绕 y 轴旋转而成的旋转曲面（如图所示），容器的底面圆的半径为 2 m，根据设计要求，当以 3 m³/min 的速率向容器内注入液体时，液面的面积将以 π m²/min 的速率均匀扩大（假设注入液体前，容器内无液体）.

（Ⅰ）根据 t 时刻液面的面积，写出 t 与 $\varphi(y)$ 之间的关系式；

（Ⅱ）求曲线 $x=\varphi(y)$ 的方程.（注：m 表示长度，单位米；min 表示时间，单位分.）

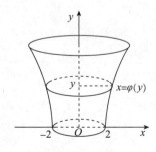

上册期末同步测试

同步测试卷(A)

一、选择题(1~6小题,每小题3分,共18分)

1. 设 $F(x)$ 是连续函数 $f(x)$ 的一个原函数,"$M \Leftrightarrow N$"表示"M"的充分必要条件是"N",则必有( )

    (A) $F(x)$ 是偶函数 $\Leftrightarrow f(x)$ 是奇函数
    (B) $F(x)$ 是奇函数 $\Leftrightarrow f(x)$ 是偶函数
    (C) $F(x)$ 是周期函数 $\Leftrightarrow f(x)$ 是周期函数
    (D) $F(x)$ 是单调函数 $\Leftrightarrow f(x)$ 是单调函数

2. 在下列微分方程中,以 $y = C_1 e^x + C_2 \cos 2x + C_3 \sin 2x$ (C_1, C_2, C_3 为任意常数)为通解的是 ( )

    (A) $y''' + y'' - 4y' - 4y = 0$
    (B) $y''' + y'' + 4y' + 4y = 0$
    (C) $y''' - y'' - 4y' + 4y = 0$
    (D) $y''' - y'' + 4y' - 4y = 0$

3. 已知函数 $y = f(x)$ 对一切 x 满足 $xf''(x) + 3x[f'(x)]^2 = 1 - e^{-x}$,若 $f'(x_0) = 0$ ($x_0 \neq 0$),则( )

    (A) $f(x_0)$ 是 $f(x)$ 的极大值
    (B) $f(x_0)$ 是 $f(x)$ 的极小值
    (C) $(x_0, f(x_0))$ 是曲线 $y = f(x)$ 的拐点
    (D) $f(x_0)$ 不是 $f(x)$ 的极值,$(x_0, f(x_0))$ 也不是曲线 $y = f(x)$ 的拐点.

4. 设函数 $f(x)$ 在 $(-\infty, +\infty)$ 内连续,其导函数的图形如图所示,则 $f(x)$ 有 ( )

    (A) 1个极小值点和2个极大值点
    (B) 2个极小值点和1个极大值点
    (C) 2个极小值点和2个极大值点
    (D) 3个极小值点和1个极大值点

5. 函数 $f(x) = \dfrac{x - x^3}{\sin \pi x}$ 的可去间断点的个数为 ( )

    (A) 1
    (B) 2
    (C) 3
    (D) 无穷多个

6. 设 $f(x)$ 可导,$F(x) = f(x)(1 + |\sin x|)$,若使 $F(x)$ 在 $x = 0$ 处可导,则必有 ( )

    (A) $f(0) = 0$
    (B) $f'(0) = 0$
    (C) $f(0) + f'(0) = 0$
    (D) $f(0) - f'(0) = 0$

二、填空题(7~12小题,每小题3分,共18分)

7. $\dfrac{d}{dx} \int_0^x \sin(x-t)^2 \, dt = $ _____.

8. 微分方程 $xy' + 2y = x \ln x$ 满足 $y(1) = \dfrac{-1}{9}$ 的解为 _____.

9. 曲线 $y = \dfrac{x^2}{2x+1}$ 的斜渐近线方程为_____.

10. 设 $y = \ln(x + \sqrt{1+x^2})$，则 $y'''\big|_{x=\sqrt{3}} = $ _____.

11. $\displaystyle\int_{-\frac{\pi}{2}}^{\frac{\pi}{2}} \left(\dfrac{\sin x}{1+\cos^2 x} + |x| \right) dx = $ _____.

12. $\displaystyle\lim_{n\to\infty} \dfrac{1}{n}\left(\sqrt{1+\cos\dfrac{\pi}{n}} + \sqrt{1+\cos\dfrac{2\pi}{n}} + \cdots + \sqrt{1+\cos\dfrac{n\pi}{n}} \right) = $ _____.

三、解答题(13～20 小题，每小题 8 分，共 64 分)

13. 假设函数 $f(x)$ 在 $[0,1]$ 上连续，在 $(0,1)$ 内二阶可导，过点 $A(0,f(0))$ 与 $B(1,f(1))$ 的直线与曲线 $y=f(x)$ 相交于点 $C(c,f(c))$，其中 $0<c<1$，证明：在 $(0,1)$ 内至少存在一点 ξ，使得 $f''(\xi)=0$.

14. 已知曲线 L 的方程为 $\begin{cases} x = t^2 + 1, \\ y = 4t - t^2 \end{cases} (t \geq 0)$，

  (Ⅰ) 讨论 L 的凹凸性；

  (Ⅱ) 过点 $(-1,0)$ 引 L 的切线，求切点 (x_0, y_0)，并写出切线的方程；

  (Ⅲ) 求此切线与 L（对应于 $x \leq x_0$ 的部分）及 x 轴所围成的平面图形的面积.

15. 求不定积分 $\int \dfrac{\arctan \dfrac{1}{x}}{1+x^2} \mathrm{d}x$.

16. 设当 $x\in[2,4]$ 时, 有不等式 $ax+b\geqslant \ln x$, 其中 a,b 为常数, 试求使得积分
$$I=\int_2^4 (ax+b-\ln x)\mathrm{d}x$$
取得最小值的 a 和 b.

17. 设 $f(x)=\begin{cases} 2x+\dfrac{3}{2}x^2, & -1\leqslant x<0, \\ \dfrac{x\mathrm{e}^x}{(\mathrm{e}^x+1)^2}, & 0\leqslant x\leqslant 1, \end{cases}$ 求函数 $F(x)=\int_{-1}^x f(t)\mathrm{d}t$ 的表达式.

18. 设 $f(x)$ 是区间 $[0,+\infty)$ 上具有连续导数的单调增加函数,且 $f(0)=1$,对任意的 $t\in[0,+\infty)$,直线 $x=0, x=t$,曲线 $y=f(x)$ 以及 x 轴所围成的曲边梯形绕 x 轴旋转一周生成一旋转体.若该旋转体的侧面面积在数值上等于其体积的 2 倍,求函数 $f(x)$ 的表达式.

19. 设 $y=y(x)$ 是区间 $(-\pi,\pi)$ 内过 $\left(-\dfrac{\pi}{\sqrt{2}},\dfrac{\pi}{\sqrt{2}}\right)$ 的光滑曲线,当 $-\pi<x<0$ 时,曲线上任一点处的法线都过原点,当 $0\leqslant x<\pi$ 时,函数 $y(x)$ 满足 $y''+y+x=0$,求函数 $y(x)$ 的表达式.

20. 如图所示,C_1 和 C_2 分别是 $y=\dfrac{1}{2}(1+e^x)$ 和 $y=e^x$ 的图像,过点 $(0,1)$ 的曲线 C_3 是一单调增函数的图像.过 C_2 上任一点 $M(x,y)$ 分别作垂直于 x 轴和 y 轴的直线 l_x 和 l_y,记 C_1, C_2 与 l_x 所围图形的面积为 $S_1(x)$;C_2, C_3 与 l_y 所围图形的面积为 $S_2(y)$.如果总有 $S_1(x)=S_2(y)$,求曲线 C_3 的方程 $x=\varphi(y)$.

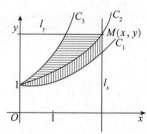

同步测试卷(B)

一、选择题(1~6小题,每小题3分,共18分)

1. 设 $f(x)$ 为连续函数,且 $F(x)=\int_{\frac{1}{x}}^{\ln x}f(t)\mathrm{d}t$,则 $F'(x)$ 等于 (　　)

    (A) $\frac{1}{x}f(\ln x)+\frac{1}{x^2}f\left(\frac{1}{x}\right)$　　　　(B) $f(\ln x)+f\left(\frac{1}{x}\right)$

    (C) $\frac{1}{x}f(\ln x)-\frac{1}{x^2}f\left(\frac{1}{x}\right)$　　　　(D) $f(\ln x)-f\left(\frac{1}{x}\right)$

2. 设函数 $f(x)=\frac{\ln|x|}{|x-1|}\sin x$,则 $f(x)$ 有 (　　)

    (A) 1个可去间断点,1个跳跃间断点　　(B) 1个可去间断点,1个无穷间断点

    (C) 2个跳跃间断点　　　　　　　　　　(D) 2个无穷间断点

3. 设函数 $f(x)=\lim\limits_{n\to\infty}\sqrt[n]{1+|x|^{3n}}$,则 $f(x)$ 在 $(-\infty,+\infty)$ 内 (　　)

    (A) 处处可导　　　　　　　　(B) 恰有一个不可导点

    (C) 恰有两个不可导点　　　　(D) 至少有三个不可导点

4. 若 $F'(x)=\frac{1}{\sqrt{1-x^2}}$,$F(1)=\frac{3}{2}\pi$,则 $F(x)$ 为 (　　)

    (A) $\arcsin x$　　　　　　(B) $\arcsin x+C$

    (C) $\arccos x+\pi$　　　(D) $\arcsin x+\pi$

5. 当 $x\to 0$ 时,$f(x)=x-\sin ax$ 与 $g(x)=x^2\ln(1-bx)$ 是等价无穷小量,则 (　　)

    (A) $a=1,b=-\frac{1}{6}$　　　　(B) $a=1,b=\frac{1}{6}$

    (C) $a=-1,b=-\frac{1}{6}$　　　(D) $a=-1,b=\frac{1}{6}$

6. 设 y_1,y_2 是一阶线性非齐次微分方程 $y'+p(x)y=q(x)$ 的两个特解,若常数 λ,μ 使 $\lambda y_1+\mu y_2$ 是该方程的解,$\lambda y_1-\mu y_2$ 是该方程对应的齐次方程的解,则 (　　)

    (A) $\lambda=\frac{1}{2},\mu=\frac{1}{2}$　　　　(B) $\lambda=-\frac{1}{2},\mu=-\frac{1}{2}$

    (C) $\lambda=\frac{2}{3},\mu=\frac{1}{3}$　　　　(D) $\lambda=\frac{2}{3},\mu=\frac{2}{3}$

二、填空题(7~12小题,每小题3分,共18分)

7. 已知 $f'(x_0)=-1$,则 $\lim\limits_{x\to 0}\frac{x}{f(x_0-2x)-f(x_0-x)}=$ _____.

8. 曲线 $y=(2x-1)\mathrm{e}^{\frac{1}{x}}$ 的斜渐近线方程为 _____.

9. 设 $\lim\limits_{x\to\infty}\left(\frac{1+x}{x}\right)^{ax}=\int_{-\infty}^{a}t\mathrm{e}^{t}\mathrm{d}t$,则常数 $a=$ _____.

10. 设 $y=e^x(C_1\sin x+C_2\cos x)(C_1,C_2$ 为任意常数$)$ 为某二阶常系数线性齐次微分方程的通解，则该方程为 _____.

11. 曲线 $\rho=\dfrac{1}{\theta}$ 上相应于 $\dfrac{3}{4}\leqslant\theta\leqslant\dfrac{4}{3}$ 的一段弧长为 _____.

12. 设 $f(x)$ 连续，且 $\int_0^x tf(2x-t)\mathrm{d}t=\dfrac{1}{2}\arctan x^2$，已知 $f(1)=1$，则 $\int_1^2 f(x)\mathrm{d}x=$ _____.

三、解答题(13～20小题，每小题 8 分，共 64 分)

13. 已知两曲线 $y=f(x)$ 与 $y=\displaystyle\int_0^{\arctan x}e^{-t^2}\mathrm{d}t$ 在点 $(0,0)$ 处的切线相同，写出此切线方程，并求极限 $\displaystyle\lim_{n\to\infty}nf\left(\dfrac{2}{n}\right)$.

14. 讨论函数 $f(x)=\ln x-ax\ (a>0)$ 有几个零点.

15. 设 $y=e^x$ 是微分方程 $xy'+p(x)y=x$ 的一个解,求此微分方程满足条件 $y\big|_{x=\ln 2}=0$ 的特解.

16. 设函数 $f(x)$ 在 x_0 的某一邻域内具有直到 n 阶的连续导数,且
$f'(x_0)=f''(x_0)=\cdots=f^{(n-1)}(x_0)=0$,而 $f^{(n)}(x_0)\neq 0$,试证:

（Ⅰ）当 n 为偶数,且 $f^{(n)}(x_0)>0$ 时,$f(x_0)$ 为极小值;当 n 为偶数,且 $f^{(n)}(x_0)<0$ 时,$f(x_0)$ 为极大值;

（Ⅱ）当 n 为奇数时,$f(x_0)$ 不是极值.

17. 设函数 $f(x)$ 在 $[a,b]$ 上具有连续的二阶导数,证明:在 (a,b) 内存在一点 ξ,使得
$$\int_a^b f(x)\mathrm{d}x=(b-a)f\left(\frac{a+b}{2}\right)+\frac{1}{24}(b-a)^3 f''(\xi).$$

18. 设函数 $f(x)$ 在 $[0,3]$ 上连续, 在 $(0,3)$ 内存在二阶导数, 且
$$2f(0)=\int_0^2 f(x)\mathrm{d}x=f(2)+f(3).$$
（Ⅰ）证明: 存在 $\eta\in(0,2)$, 使得 $f(\eta)=f(0)$;

（Ⅱ）证明: 存在 $\xi\in(0,3)$, 使得 $f''(\xi)=0$.

19. 设直线 $y=ax$ 与抛物线 $y=x^2$ 所围成图形的面积为 S_1, 它们与直线 $x=1$ 所围成的图形面积为 S_2, 并且 $a<1$.

（Ⅰ）试确定 a 的值, 使 S_1+S_2 达到最小, 并求出最小值;

（Ⅱ）求该最小值所对应的平面图形绕 x 轴旋转一周所得旋转体的体积.

20. 设 xOy 平面上有正方形 $D=\{(x,y)\mid 0\leqslant x\leqslant 1, 0\leqslant y\leqslant 1\}$ 及直线 $l: x+y=t(t\geqslant 0)$, 若 $S(t)$ 表示正方形 D 位于直线 l 左下方部分的面积（如图）, 试求 $\int_0^x S(t)\mathrm{d}t(x\geqslant 0)$.

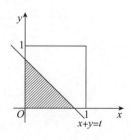

型的考查不重复，真正做到不重复、不遗漏；试题编排难易适当，充分体现了测试的难度、效度和区分度．

  2. 解答详尽：本书不但对每道试题都提供了详细解答，更对每道试题提供了"点拨"，以点拨思路、归纳技巧，真正把每一道题目、每一类题型研究透彻，让您在做好习题的同时，回顾、巩固、深化教材内容的学习．

  3. 梯度测试：本书的每一章及期末测试中都提供了 A、B 两套试卷．其中 A 卷多为基础巩固题，重在覆盖知识面，难度接近或略高于平时测验；B 卷含有不少综合提高题，难度与考研数学的要求相近．阶梯型设计可以供不同学校或者不同程度读者根据自己的实际情况选用，也可供同一位读者在不同的学习阶段选用，在整体上体现了多个层次的要求．

  编者建议：读者应在每一章学习结束后使用本书，先自己动手做题，再将自己的演算过程及结果与本书中的解法进行对比，方便查找错误和不足之处．读者在平时练习中既要加强计算能力的训练，又要注意尽量按步骤把解答过程写下来，一来避免出错，二来养成卷面整洁的习惯．

  衷心希望我们的这本《高等数学同步测试卷》能对您有所裨益．

张天德

版权专有　侵权必究

图书在版编目(CIP)数据

高等数学同步测试卷：同济七版. 上册 / 张天德主编. —北京：北京理工大学出版社，2019.1（2020.4 重印）

ISBN 978-7-5682-6587-4

Ⅰ. ①高…　Ⅱ. ①张…　Ⅲ. ①高等数学-高等学校-习题集　Ⅳ. ①O13-44

中国版本图书馆 CIP 数据核字(2019)第 001235 号

出版发行 /	北京理工大学出版社有限责任公司
社　　址 /	北京市海淀区中关村南大街 5 号
邮　　编 /	100081
电　　话 /	(010)68914775（总编室）
	(010)82562903（教材售后服务热线）
	(010)68948351（其他图书服务热线）
网　　址 /	http：//www.bitpress.com.cn
经　　销 /	全国各地新华书店
印　　刷 /	保定市中画美凯印刷有限公司
开　　本 /	787 毫米×1092 毫米　1/16
印　　张 /	8.75
字　　数 /	205 千字
版　　次 /	2019 年 1 月第 1 版　2020 年 4 月第 3 次印刷
定　　价 /	29.80 元

责任编辑 / 多海鹏
文案编辑 / 多海鹏
责任校对 / 周瑞红
责任印制 / 李志强

图书出现印装质量问题，请拨打售后服务热线，本社负责调换

高等院校教材同步辅导
及考研复习用书

高等数学同步测试卷
同济七版·上册（解析分册）

张天德◎主编

窦慧　王玮　高海荣◎副主编

北京理工大学出版社
BEIJING INSTITUTE OF TECHNOLOGY PRESS

| 第一章 | 函数与极限 | 1 |

(A)卷参考答案及点拨 1
(B)卷参考答案及点拨 4

| 第二章 | 导数与微分 | 7 |

(A)卷参考答案及点拨 7
(B)卷参考答案及点拨 11

| 第三章 | 微分中值定理与导数的应用 | 16 |

(A)卷参考答案及点拨 16
(B)卷参考答案及点拨 19

| 第四章 | 不定积分 | 23 |

(A)卷参考答案及点拨 23
(B)卷参考答案及点拨 26

| 第五章 | 定积分 | 29 |

(A)卷参考答案及点拨 29
(B)卷参考答案及点拨 33

| 第六章 | 定积分的应用 | 38 |

(A)卷参考答案及点拨 38
(B)卷参考答案及点拨 42

| 第七章 | 微分方程 | 47 |

(A)卷参考答案及点拨 47
(B)卷参考答案及点拨 51

| 上 册 | 期末同步测试 | 55 |

(A)卷参考答案及点拨 55
(B)卷参考答案及点拨 60

第一章 函数与极限

(A)卷参考答案及点拨

一、选择题

1. (A)

点拨： 此题考查函数的性质，判定函数的奇偶性。

解： $f(x)$ 的定义域为 $\mathbf{R}$，关于原点对称。

$$f(-x) = \ln(-x + \sqrt{1+(-x)^2})$$
$$= \ln(\sqrt{1+x^2} - x)$$
$$= \ln\frac{(\sqrt{1+x^2}-x)(\sqrt{1+x^2}+x)}{\sqrt{1+x^2}+x}$$
$$= \ln\frac{1}{\sqrt{1+x^2}+x} = -\ln(\sqrt{1+x^2}+x)$$
$$= -f(x).$$

所以函数 $f(x) = \ln(x + \sqrt{1+x^2})$ 是奇函数。

2. (B)

点拨： 此题考查数列的极限。

解： 原式 $= \lim\limits_{n\to\infty} \dfrac{4\sqrt{n}}{\sqrt{n+3\sqrt{n}}+\sqrt{n-\sqrt{n}}}$

$= \lim\limits_{n\to\infty} \dfrac{4}{\sqrt{1+\dfrac{3}{\sqrt{n}}}+\sqrt{1-\dfrac{1}{\sqrt{n}}}} = 2.$

3. (C)

点拨： 此题考查数列的极限。

解： $\dfrac{1}{4n^2-1} = \dfrac{1}{2}\left(\dfrac{1}{2n-1} - \dfrac{1}{2n+1}\right),$

$x_n = \dfrac{1}{2}\left[\left(1 - \dfrac{1}{3}\right) + \left(\dfrac{1}{3} - \dfrac{1}{5}\right) + \cdots + \left(\dfrac{1}{2n-1} - \dfrac{1}{2n+1}\right)\right]$

$= \dfrac{1}{2}\left(1 - \dfrac{1}{2n+1}\right).$

故 $\lim\limits_{n\to\infty} x_n = \dfrac{1}{2}$. 即应选(C)。

4. (C)

点拨： 此题考查数列极限的定义。

解： (必要性)由数列 $\{x_n\}$ 收敛于 a 的定义得"对任意给定的 $\varepsilon_1 > 0$，总存在正整数 N_1，当 $n > N_1$ 时，恒有 $|x_n - a| \leqslant \varepsilon_1$". 显然可推导出"对任意给定的 $\varepsilon \in (0,1)$，总存在正整数 N，当 $n \geqslant N$ 时，恒有 $|x_n - a| \leqslant 2\varepsilon.$"

(充分性)反过来，若"对任意给定的 $\varepsilon \in (0,1)$，总存在正整数 N，当 $n \geqslant N$ 时，恒有 $|x_n - a| \leqslant 2\varepsilon,$" 则对于任意的 $\varepsilon_1 > 0$(不妨设 $0 < \varepsilon_1 < 1$，当 $\varepsilon_1 \geqslant 1$ 时，取 $\bar{\varepsilon}_1, 0 < \bar{\varepsilon}_1 < 1 < \varepsilon_1$，代替即可)，取 $\varepsilon = \dfrac{1}{3}\varepsilon_1 > 0$，存在正整数 N，当 $n \geqslant N$ 时，恒有 $|x_n - a| \leqslant 2\varepsilon = \dfrac{2}{3}\varepsilon_1 < \varepsilon_1$，令 $N_1 = N - 1$，则满足"对任意给定的，$\varepsilon_1 > 0$，总存在正整数 N_1，当 $n > N_1$ 时，恒有 $|x_n - a| \leqslant \varepsilon_1$"，即 $\{a_n\}$ 收敛。故应选(C)。

5. (C)

点拨： 此题考查函数的极限。

解： 方法一：$\lim\limits_{x\to\infty}\left(\dfrac{x^2}{x+1} - ax - b\right)$

$= \lim\limits_{x\to\infty}\left[\dfrac{1+(x^2-1)}{x+1} - ax - b\right]$

$= \lim\limits_{x\to\infty}\dfrac{1}{x+1} + \lim\limits_{x\to\infty}[(1-a)x - (1+b)]$

$= \lim\limits_{x\to\infty}[(1-a)x - (1+b)] = 0,$

所以有 $\begin{cases} 1-a=0, \\ 1+b=0, \end{cases}$ 解得 $\begin{cases} a=1, \\ b=-1. \end{cases}$

方法二：$\lim\limits_{x\to\infty}\left(\dfrac{x^2}{1+x} - ax - b\right)$

$= \lim\limits_{x\to\infty}\dfrac{x^2-(ax+b)(1+x)}{1+x}$

$= \lim\limits_{x\to\infty}\dfrac{(1-a)x^2-(a+b)x-b}{1+x} = 0,$

显然 $\begin{cases} 1-a=0, \\ a+b=0 \end{cases} \Rightarrow \begin{cases} a=1, \\ b=-1. \end{cases}$ 故应选(C)。

6. (D)

点拨：此题考查间断点的判断.

解：$\lim\limits_{x\to 0^-}\dfrac{1}{e^{\frac{x}{x-1}}-1}=+\infty$，$\lim\limits_{x\to 0^+}\dfrac{1}{e^{\frac{x}{x-1}}-1}=-\infty$，

$\lim\limits_{x\to 1^-}\dfrac{1}{e^{\frac{x}{x-1}}-1}=-1$，$\lim\limits_{x\to 1^+}\dfrac{1}{e^{\frac{x}{x-1}}-1}=0$，

则 $f(x)$ 在 $x=0$ 处是第二类间断点，在 $x=1$ 处是第一类间断点. 故应选(D).

二、填空题

7. 偶

点拨：此题考查函数的奇偶性.

解：由 $f(x+y)+f(x-y)=2f(x)f(y)$，

用 $-y$ 代替，得

$f(x-y)+f(x+y)=2f(x)f(-y)$，

得 $2f(x)f(y)=2f(x)f(-y)$，

又因为 $f(x)\ne 0$，故 $f(y)=f(-y)$.

所以 $f(x)$ 为偶函数.

8. -24

点拨：此题考查函数的极限.

解：原式 $=\lim\limits_{x\to-\infty}\dfrac{96x}{\sqrt{4x^2+96}-2x}$

$=\lim\limits_{x\to-\infty}\dfrac{96}{-\sqrt{4+\dfrac{96}{x^2}}-2}=-24$.

故应填 -24.

9. $\ln 2$

点拨：此题考查重要极限.

解：左边 $=\lim\limits_{x\to\infty}\left(1+\dfrac{3a}{x-a}\right)^{\frac{x-a}{3a}\cdot 3a+a}$

$=\left[\lim\limits_{x\to\infty}\left(1+\dfrac{3a}{x-a}\right)^{\frac{x-a}{3a}}\right]^{3a}\cdot$

$\lim\limits_{x\to\infty}\left(1+\dfrac{3a}{x-a}\right)^a$

$=e^{3a}$.

于是得 $e^{3a}=8$，即 $a=\ln 2$. 故应填 $\ln 2$.

10. $1,-4$

点拨：此题考查函数的极限.

解：由 $\lim\limits_{x\to 0}\sin x(\cos x-b)=0$，知 $\lim\limits_{x\to 0}(e^x-a)=0$，

从而 $a=1$.

而 $\lim\limits_{x\to 0}\dfrac{\sin x}{e^x-a}(\cos x-b)=\lim\limits_{x\to 0}\dfrac{\sin x}{e^x-1}(\cos x-b)$

$=1-b=5$，得 $b=-4$. 故应填 $1,-4$.

11. 5

点拨：此题考查无穷小的比较.

解：因为 $e^{x\cos x^2}-e^x=e^x[e^{x(\cos x^2-1)}-1]$，

当 $x\to 0$ 时，$e^{x(\cos x^2-1)}-1\sim x(\cos x^2-1)\sim$

$x\left(-\dfrac{x^4}{2}\right)=-\dfrac{x^5}{2}$，所以

$\lim\limits_{x\to 0}\dfrac{e^{x\cos x^2}-e^x}{x^k}=\lim\limits_{x\to 0}\dfrac{e^x\cdot\left(-\dfrac{x^5}{2}\right)}{x^k}=-\dfrac{1}{2}\lim\limits_{x\to 0}x^{5-k}\ne$

0，即 $k=5$. 故应填 5.

12. -2

点拨：此题考查连续的定义.

解：$\lim\limits_{x\to 0^+}f(x)=\lim\limits_{x\to 0^+}\dfrac{1-e^{\tan x}}{\arcsin\dfrac{x}{2}}=-\lim\limits_{x\to 0^+}\dfrac{\tan x}{\dfrac{x}{2}}=-2$，

$\lim\limits_{x\to 0^-}f(x)=\lim\limits_{x\to 0^-}ae^{2x}=a$. 由连续定义知 $a=-2$. 故应填 -2.

三、解答题

13. $[-4,5)$

点拨：此题考查复合函数定义域.

解：要使函数 $f(x)$ 有意义，自变量 x 必须同时满足：

$\begin{cases}25-x^2>0,\\ \left|\dfrac{x-1}{5}\right|\le 1,\end{cases}$ 即 $\begin{cases}25-x^2>0,\\ -1\le\dfrac{x-1}{5}\le 1.\end{cases}$

解得 $-4\le x<5$，所以 $f(x)$ 的定义域为 $[-4,5)$.

【方法点击】求初等函数的定义域有下列原则：

①分母不能为零.

②偶次根式的被开方数不能为负数.

③对数的真数不能为零或负数.

④$\arcsin x$ 或 $\arccos x$ 的定义域为 $|x|\le 1$.

⑤$\tan x$ 的定义域为 $x\ne k\pi+\dfrac{\pi}{2}, k\in\mathbb{Z}$.

⑥$\cot x$ 的定义域为 $x\ne k\pi, k\in\mathbb{Z}$.

求复合函数的定义域，通常将复合函数看成一系列初等函数的复合，然后考查每个初等函数的定义域和值域，得到对应的不等式组，通过联立求解不等式组，便可以得到复合函数的定义域.

14. $f(x)=\dfrac{1}{a^2-b^2}\left(\dfrac{ac}{x}-\dfrac{bc}{1-x}\right)$

点拨：此题考查函数的性质．

解：$af(x)+bf(1-x)=\dfrac{c}{x}$，①

取 $x=1-t$，则 $t=1-x$，故

$af(1-t)+bf(t)=\dfrac{c}{1-t}$，

所以 $af(1-x)+bf(x)=\dfrac{c}{1-x}$．②

联立①、②式得到

$f(x)=\dfrac{1}{a^2-b^2}\left(\dfrac{ac}{x}-\dfrac{bc}{1-x}\right)$．

15. 点拨：此题考查数列极限存在的条件．

解：设 k 为整数，若 $n=4k$，则

$a_{4k}=\left(1+\dfrac{1}{4k}\right)\sin\dfrac{4k\pi}{2}=\left(1+\dfrac{1}{4k}\right)\sin 2k\pi=0$．

若 $n=4k+1$，则

$a_{4k+1}=\left(1+\dfrac{1}{4k+1}\right)\sin\left(\dfrac{4k\pi}{2}+\dfrac{\pi}{2}\right)$

$=\left(1+\dfrac{1}{4k+1}\right)\sin\dfrac{\pi}{2}$

$=1+\dfrac{1}{4k+1}\to 1(k\to\infty)$，

$\lim\limits_{k\to\infty}a_{4k}\neq\lim\limits_{k\to\infty}a_{4k+1}$，因此 $\{a_n\}$ 没有极限．

16. 点拨：此题考查利用极限存在准则证明极限．

证明：$\dfrac{n^2}{n^2+n\pi}\leqslant\dfrac{n}{n^2+\pi}+\dfrac{n}{n^2+2\pi}+\cdots+\dfrac{n}{n^2+n\pi}\leqslant\dfrac{n^2}{n^2+\pi}$，而 $\lim\limits_{n\to\infty}\dfrac{n^2}{n^2+n\pi}=1$，$\lim\limits_{n\to\infty}\dfrac{n^2}{n^2+\pi}=1$，

所以由夹逼准则得

$\lim\limits_{n\to\infty}\left(\dfrac{n}{n^2+\pi}+\dfrac{n}{n^2+2\pi}+\cdots+\dfrac{n}{n^2+n\pi}\right)=1$．

【方法点击】 本题不能使用求极限的四则运算法则求解，因为当 $n\to\infty$ 时，本题实际为无穷项相加求和，而求极限的四则运算法则中指的是有限项相加求极限可以分别求极限相加（前提为每个极限都存在）．

17. 2

点拨：此题考查等价无穷小求极限．

解：利用等价无穷小代换：

当 $x\to\infty$ 时，$\sin\dfrac{2x}{x^2+1}\sim\dfrac{2x}{x^2+1}$，

因此 $\lim\limits_{x\to\infty}x\sin\dfrac{2x}{x^2+1}=\lim\limits_{x\to\infty}x\cdot\dfrac{2x}{x^2+1}=2$．

18. 1

点拨：此题考查极限存在的条件（左极限＝右极限）．

解：$\lim\limits_{x\to 0^+}f(x)=\lim\limits_{x\to 0^+}\left(\dfrac{2+e^{\frac{1}{x}}}{1+e^{\frac{4}{x}}}+\dfrac{\sin x}{x}\right)$

$=\lim\limits_{x\to 0^+}\left(\dfrac{2e^{-\frac{4}{x}}+e^{-\frac{3}{x}}}{e^{-\frac{4}{x}}+1}+\dfrac{\sin x}{x}\right)$

$=0+1=1$，

$\lim\limits_{x\to 0^-}f(x)=\lim\limits_{x\to 0^-}\left(\dfrac{2+e^{\frac{1}{x}}}{1+e^{\frac{4}{x}}}-\dfrac{\sin x}{x}\right)=2-1=1$．

故 $\lim\limits_{x\to 0}f(x)=1$．

19. -3

点拨：此题考查函数的极限．

解：原式 $=\lim\limits_{x\to 0}\left\{\dfrac{e^{x^2}-1}{\ln[1+(\cos x-1)]}+\dfrac{1-\cos x}{\ln[1+(\cos x-1)]}\right\}$

$=\lim\limits_{x\to 0}\dfrac{e^{x^2}-1}{\ln[1+(\cos x-1)]}+\lim\limits_{x\to 0}\dfrac{1-\cos x}{\ln[1+(\cos x-1)]}$

$=\lim\limits_{x\to 0}\dfrac{x^2}{\cos x-1}+\lim\limits_{x\to 0}\dfrac{1-\cos x}{\cos x-1}$

$=\lim\limits_{x\to 0}\dfrac{x^2}{-\frac{1}{2}x^2}-1=-3$．

20. 点拨：此题考查介值定理．

证明：因为函数 $f(x)$ 在闭区间 $[a,b]$ 上连续，则一定存在 M 与 m，使得对于 $[a,b]$ 上任一 x，都有 $m\leqslant f(x)\leqslant M$，因为 $a<x_1<x_2<\cdots<x_n<b$，则 $m\leqslant f(x_1)\leqslant M$，$m\leqslant f(x_2)\leqslant M$，$\cdots$，$m\leqslant f(x_n)\leqslant M$，则

$nm\leqslant f(x_1)+f(x_2)+\cdots+f(x_n)\leqslant nM$，

即 $m\leqslant\dfrac{f(x_1)+f(x_2)+\cdots+f(x_n)}{n}\leqslant M$．

由介值定理可知必存在 $\xi\in[a,b]$，使得

$f(\xi)=\dfrac{f(x_1)+f(x_2)+\cdots+f(x_n)}{n}$．

(B)卷参考答案及点拨

一、选择题

1. (C)

点拨：此题考查函数的性质及极限.

解：排除法：若取 $x_k = 2k\pi$，则 $f(x_k) = 2k\pi \sin 2k\pi = 0$. 故 $x \to \infty$ 时，$f(x)$ 不是无穷大量，从而排除 (A).

分别取 $x_k^{(1)} = 2k\pi$，$x_k^{(2)} = \left(2k + \dfrac{1}{2}\right)\pi$，则当 $k \to \infty$ 时 $f(x_k^{(1)}) = 0$，而 $f(x_k^{(2)}) \to \infty$，因此，$x \to \infty$ 时 $f(x)$ 不存在有限极限，且在 $(-\infty, +\infty)$ 内 $f(x)$ 也不是有界的，于是 (B)、(D) 不成立. 故应选 (C).

2. (D)

点拨：此题考查数列极限的性质及无穷小的比较.

解：对于 (A)：取 $x_n = n$，$y_n = 0$，则可将 (A) 排除.

对于 (B)：取 $x_n = \begin{cases} 0, n\text{ 为奇数} \\ n, n\text{ 为偶数} \end{cases}$，$y_n = \begin{cases} n, n\text{ 为奇数} \\ 0, n\text{ 为偶数} \end{cases}$，则 $\lim\limits_{n \to \infty} x_n y_n = 0$，但 $\{x_n\}$ 无界，$\{y_n\}$ 也无界.

对于 (C)：取 $x_n = 0$，则无论 y_n 是否为无穷小，都有 $\lim\limits_{n \to \infty} x_n y_n = 0$. 故 (C) 也不对. 综上应选择 (D).

因为，若 $\dfrac{1}{x_n}$ 为无穷小，则 $\lim\limits_{n \to \infty} \dfrac{1}{x_n} = 0$.

而 $\lim\limits_{n \to \infty} x_n y_n = \lim\limits_{n \to \infty} \dfrac{y_n}{\dfrac{1}{x_n}} = 0$，所以必有 $\lim\limits_{n \to \infty} y_n = 0$.

3. (B)

点拨：此题考查函数的间断点的判断.

解：当 $|x| < 1$ 时，$\lim\limits_{n \to \infty} \dfrac{1+x}{1+x^{2n}} = 1 + x$；

当 $|x| > 1$ 时，$\lim\limits_{n \to \infty} \dfrac{1+x}{1+x^{2n}} = 0$.

故 $f(x) = \begin{cases} 0, & x \leqslant -1 \\ 1+x, & -1 < x < 1 \\ 1, & x = 1 \\ 0, & x > 1 \end{cases}$

由于 $\lim\limits_{x \to -1^-} f(x) = \lim\limits_{x \to -1^+} f(x) = f(-1) = 0$，所以 $x = -1$ 为连续点. 而 $\lim\limits_{x \to 1^-} f(x) = 2$，$\lim\limits_{x \to 1^+} f(x) = 0$，所以 $x = 1$ 为间断点. 故应选 (B).

4. (B)

点拨：此题考查函数在一点连续的定义.

解：当 $x < 0$ 时，$f(x) = \dfrac{x^2 \cdot \sin \dfrac{1}{x}}{e^x - 1}$ 有定义，且 $f(x)$ 连续.

当 $x > 0$ 时，$f(x) = \dfrac{\ln(1+2x)}{x} + a$ 也连续，由条件知 $f(x)$ 在 $x = 0$ 处也连续，因此有 $\lim\limits_{x \to 0^-} f(x) = \lim\limits_{x \to 0^+} f(x) = f(0)$，

且 $\lim\limits_{x \to 0^-} f(x) = \lim\limits_{x \to 0^-} \dfrac{x^2 \sin \dfrac{1}{x}}{e^x - 1} = \lim\limits_{x \to 0^-} \dfrac{x}{e^x - 1} \cdot x \cdot \sin \dfrac{1}{x}$
$= 0$，

$\lim\limits_{x \to 0^+} f(x) = \lim\limits_{x \to 0^+} \left[\dfrac{\ln(1+2x)}{x} + a\right]$
$= \lim\limits_{x \to 0^+} \dfrac{2x}{x} + a = 2 + a$，

又 $f(0) = b$，于是 $0 = 2 + a = b$，即 $a = -2$，$b = 0$. 故应选 (B).

5. (B)

点拨：此题考查无穷小的比较.

解：当 $x \to 0$ 时，由

$f(x) = \dfrac{x^6}{1 - \cos x^2} \sim \dfrac{x^6}{\dfrac{1}{2}(x^2)^2} = 2x^2$，

知 $f(x)$ 是 x 的 2 阶无穷小；

$g(x) = \tan x \cdot \left(\sqrt[3]{1 + \dfrac{1}{2}x^2} - 1\right) \sim x \cdot \dfrac{1}{3}\left(\dfrac{1}{2}x^2\right)$
$= \dfrac{1}{6}x^3$，

可见，$g(x)$ 是 x 的 3 阶无穷小；

$h(x) = (e^{x^2} - 1) \cdot \ln(1 + \sin^2 x) \sim x^2 \cdot \sin^2 x \sim x^2 \cdot x^2 = x^4$，

$h(x)$ 是 x 的 4 阶无穷小，因此，关于 x 的阶数从

低到高的顺序是 $f(x),g(x),h(x)$,故应选(B).

6. (B)

点拨：此题考查无穷小阶的比较.

解：当 $x\to 0$ 时,$(1-\cos x)\ln(1+x^2)\sim \frac{1}{2}x^4$,

$x\sin x^n\sim x^{n+1}$,$e^{x^2}-1\sim x^2$.

由题设条件知 $2<n+1<4$,即 $n=2$.应选(B).

二、填空题

7. $(-\infty,0]$

点拨：此题考查函数的定义域.

解：由 $f(x)=e^{x^2}$,知 $f(\psi(x))=e^{\psi^2(x)}$.

又因为 $f(\psi(x))=1-x$,所以

$e^{\psi^2(x)}=1-x$,于是 $\psi^2(x)=\ln(1-x)$.

再根据 $\psi(x)\geqslant 0$,可知 $\psi(x)=\sqrt{\ln(1-x)}$.

因此 $\psi(x)$ 的定义域为 $\ln(1-x)\geqslant 0$,

即 $x\in(-\infty,0]$.

8. $f^{-1}(x)=\begin{cases}-\frac{1}{\sqrt{2}}\sqrt{1-x}, & x<-1,\\ \sqrt[3]{x}, & -1\leqslant x\leqslant 8,\\ \frac{x+16}{12}, & x>8\end{cases}$

点拨：此题考查反函数的求解.

解：当 $x<-1$ 时,$y=1-2x^2$,

得到 $x=-\frac{1}{\sqrt{2}}\sqrt{1-y}$,$y<-1$;

当 $-1\leqslant x\leqslant 2$ 时,$y=x^3$,

得到 $x=\sqrt[3]{y}$,$-1\leqslant y\leqslant 8$;

当 $x>2$ 时,$y=12x-16$,

得到 $x=\frac{y+16}{12}$,$y>8$.

所以反函数为

$f^{-1}(x)=\begin{cases}-\frac{1}{\sqrt{2}}\sqrt{1-x}, & x<-1,\\ \sqrt[3]{x}, & -1\leqslant x\leqslant 8,\\ \frac{x+16}{12}, & x>8.\end{cases}$

9. 0

点拨：此题考查无穷小量的性质及利用夹逼准则求极限.

解：$\sin(\pi\sqrt{n^2+1})=\sin[n\pi+\pi(\sqrt{n^2+1}-n)]$

$=(-1)^n\sin(\pi\sqrt{n^2+1}-\pi n)$,

$\{(-1)^n\}$ 是个有界量,而

$0<\pi(\sqrt{n^2+1}-n)=\frac{\pi}{\sqrt{n^2+1}+n}<\frac{2}{n}<\frac{\pi}{2}(n>1)$,

所以 $0<\sin(\pi\sqrt{n^2+1}-\pi n)\leqslant \sin\frac{2}{n}<\frac{2}{n}$,

且 $\lim\limits_{n\to\infty}\frac{2}{n}=0$,由夹逼准则知

$\lim\limits_{n\to\infty}\sin(\pi\sqrt{n^2+1}-\pi n)=0$,

所以 $\lim\limits_{n\to\infty}\sin(\pi\sqrt{n^2+1})=0$.故应填 0.

10. 1

点拨：此题考查用等价无穷小代换求极限.

解：原式 $=\lim\limits_{x\to 0}\dfrac{\ln[e^x(1+e^{-x}\sin^2 x)]-x}{\ln[e^{2x}(1+e^{-2x}x^2)]-2x}$

$=\lim\limits_{x\to 0}\dfrac{\ln(1+e^{-x}\sin^2 x)}{\ln(1+e^{-2x}x^2)}$

$=\lim\limits_{x\to 0}\dfrac{e^{-x}\sin^2 x}{e^{-2x}\cdot x^2}=1.$

故应填 1.

【方法点击】在利用等价无穷小代换定理求极限时要特别小心,一般情况下应对分子或分母中的乘积因子利用等价无穷小代换,从而简化极限运算;而对分子或分母中的加、减算式通常不能利用等价无穷小代换,否则会导致错误的结果.

11. $A\ln a$

点拨：此题考查利用等价无穷小代换求极限.

解：由 $\lim\limits_{x\to 0}\dfrac{\ln\left(1+\dfrac{f(x)}{\sin x}\right)}{a^x-1}=A$,得

$\dfrac{\ln\left(1+\dfrac{f(x)}{\sin x}\right)}{a^x-1}=A+\alpha$,其中 $\lim\limits_{x\to 0}\alpha=0$.

因为当 $x\to 0$ 时,$a^x-1=e^{x\ln a}-1\sim x\ln a$,

所以 $\ln\left(1+\dfrac{f(x)}{\sin x}\right)\sim A\cdot x\ln a+\alpha x\ln a$,

因此 $1+\dfrac{f(x)}{\sin x}\sim a^{(A+\alpha)x}$;$f(x)\sim(a^{(A+\alpha)x}-1)\sin x\sim$

$(A+\alpha)x\ln a\cdot \sin x$,所以

$\lim\limits_{x\to 0}\dfrac{f(x)}{x^2}=\lim\limits_{x\to 0}\dfrac{(A+\alpha)x\cdot \ln a\cdot \sin x}{x^2}=A\ln a.$

故应填 $A\ln a$.

12. -4

点拨：此题考查等价无穷小的定义.

解：当 $x \to 0$ 时，$(1-bx^2)^{\frac{1}{4}}-1 \sim -\frac{1}{4}bx^2$，$x\tan x \sim x^2$，由题设得 $\lim\limits_{x\to 0}\dfrac{(1-bx^2)^{\frac{1}{4}}-1}{x\tan x}=\lim\limits_{x\to 0}\dfrac{-\frac{1}{4}bx^2}{x^2}=-\dfrac{1}{4}b=1$，所以 $b=-4$. 故应填 -4.

三、解答题

13. 点拨：此题考查函数的单调性.

证明：$\forall x_1>0, x_2>0$，不妨设 $x_1\leqslant x_2$，故有 $\dfrac{f(x_2)}{x_2}\leqslant\dfrac{f(x_1)}{x_1}$，则 $x_1 f(x_2)\leqslant x_2 f(x_1)$.

又有 $x_2<x_1+x_2$，则 $\dfrac{f(x_1+x_2)}{x_1+x_2}\leqslant\dfrac{f(x_2)}{x_2}$.

所以 $x_2 f(x_1+x_2)\leqslant x_1 f(x_2)+x_2 f(x_2)\leqslant x_2[f(x_2)+f(x_1)]$，

即 $f(x_1+x_2)\leqslant f(x_1)+f(x_2)$.

14. 点拨：此题考查利用单调有界性证明极限存在.

证明：由 $0<x_1<3$，知 $x_1, 3-x_1$ 均为正数，故 $0<x_2=\sqrt{x_1(3-x_1)}\leqslant\dfrac{1}{2}(x_1+3-x_1)=\dfrac{3}{2}$.

设 $0<x_k\leqslant\dfrac{3}{2}(k>1)$，则 $0<x_{k+1}=\sqrt{x_k(3-x_k)}\leqslant\dfrac{1}{2}(x_k+3-x_k)=\dfrac{3}{2}$.

由数学归纳法知，对任意正整数 $n>1$ 均有 $0<x_n\leqslant\dfrac{3}{2}$，因而数列 $\{x_n\}$ 有界.

又当 $n>1$ 时，$x_{n+1}-x_n=\sqrt{x_n(3-x_n)}-x_n=\sqrt{x_n}(\sqrt{3-x_n}-\sqrt{x_n})=\dfrac{\sqrt{x_n}(3-2x_n)}{\sqrt{3-x_n}+\sqrt{x_n}}\geqslant 0$，

因而有 $x_{n+1}\geqslant x_n(n>1)$，即数列 $\{x_n\}$ 单调增加.

由单调有界数列必有极限，知 $\lim\limits_{n\to\infty}x_n$ 存在.

设 $\lim\limits_{n\to\infty}x_n=a$，在 $x_{n+1}=\sqrt{x_n(3-x_n)}$ 两边取极限，得 $a=\sqrt{a(3-a)}$，解得 $a=\dfrac{3}{2}, a=0$（舍去）. 故 $\lim\limits_{n\to\infty}x_n=\dfrac{3}{2}$.

15. 0

点拨：此题考查函数的极限.

解：利用三角函数的和差化积公式

$\cos\sqrt{x+1}-\cos\sqrt{x}=-2\sin\dfrac{\sqrt{x+1}+\sqrt{x}}{2}\cdot\sin\dfrac{\sqrt{x+1}-\sqrt{x}}{2}$，

当 $x\to+\infty$ 时，$\left|\sin\dfrac{\sqrt{x+1}+\sqrt{x}}{2}\right|\leqslant 1$，

$0\leqslant\left|\sin\dfrac{\sqrt{x+1}-\sqrt{x}}{2}\right|=\left|\sin\dfrac{1}{2(\sqrt{x+1}+\sqrt{x})}\right|\leqslant\left|\dfrac{1}{2(\sqrt{x+1}+\sqrt{x})}\right|=0$.

根据有界函数与无穷小的乘积仍是无穷小，所以 $\lim\limits_{x\to+\infty}(\cos\sqrt{x+1}-\cos\sqrt{x})=0$.

16. e^2

点拨：此题考查换元法求函数的极限.

解：设 $t=\dfrac{1}{x}$，

原式 $=\lim\limits_{t\to 0}(\sin 2t+\cos t)^{\frac{1}{t}}$

$=\lim\limits_{t\to 0}\cos^{\frac{1}{t}}(1+2\sin t)^{\frac{1}{t}}$

$=\lim\limits_{t\to 0}(1+\cos t-1)^{\frac{1}{\cos t-1}\cdot\frac{\cos t-1}{t}}\cdot\lim\limits_{t\to 0}(1+2\sin t)^{\frac{1}{2\sin t}\cdot\frac{2\sin t}{t}}$

$=e^{\lim\limits_{t\to 0}\ln\left[(1+\cos t-1)^{\frac{1}{\cos t-1}\cdot\frac{\cos t-1}{t}}\right]}\cdot e^{\lim\limits_{t\to 0}\ln\left[(1+2\sin t)^{\frac{1}{2\sin t}\cdot\frac{2\sin t}{t}}\right]}$

$=e^0\cdot e^2=e^2$.

17. $\dfrac{n(n+1)}{2}$

点拨：此题考查函数的极限.

解：$\lim\limits_{x\to 0}\dfrac{(\cos x-1)+(\cos^2 x-1)+\cdots+(\cos^n x-1)}{\cos x-1}$

$=\lim\limits_{x\to 0}[1+(\cos x+1)+\cdots+(\cos^{n-1}x+\cos^{n-2}x+\cdots+1)]$

$=1+2+\cdots+n=\dfrac{n(n+1)}{2}$.

18. （Ⅰ）$f(x)=\begin{cases}1, & x\leqslant e,\\ \ln x, & x>e.\end{cases}$

（Ⅱ）函数 $f(x)$ 在 $(-\infty,+\infty)$ 内连续

点拨:此题考查数列极限和函数连续性.

解:(Ⅰ)当 $x<e$ 时,

$$f(x)=\lim_{n\to\infty}\frac{\ln e^n+\ln\left[1+\left(\frac{x}{e}\right)^n\right]}{n}$$

$$=1+\lim_{n\to\infty}\frac{\left(\frac{x}{e}\right)^n}{n}=1;$$

当 $x>e$ 时,

$$f(x)=\lim_{n\to\infty}\frac{\ln x^n+\ln\left[1+\left(\frac{e}{x}\right)^n\right]}{n}$$

$$=\ln x+\lim_{n\to\infty}\frac{\left(\frac{e}{x}\right)^n}{n}=\ln x;$$

当 $x=e$ 时, $f(e)=\lim_{n\to\infty}\dfrac{\ln 2+n}{n}=1$,

所以 $f(x)=\begin{cases}1, & x\leqslant e,\\ \ln x, & x>e.\end{cases}$

(Ⅱ)由 $\lim_{x\to e^-}f(x)=\lim_{x\to e^+}f(x)=f(e)$,知 $f(x)$ 在 $x=e$ 处连续;又当 $x\leqslant e$ 时, $f(x)=1$ 连续;当 $x>e$ 时, $f(x)=\ln x$ 连续,故 $f(x)$ 在 $(-\infty,+\infty)$ 内连续.

19. **点拨**:此题考查介值定理.

证明:因为 $f(x)$ 在 $[a,b]$ 上连续,故 $f(x)$ 在 $[a,b]$ 上有最大值 M 与最小值 m,且有 $m\leqslant f(x)\leqslant M$,由于 $c,d\in[a,b]$,又有

$pm\leqslant pf(c)\leqslant pM, gm\leqslant gf(d)\leqslant gM$,

两式相加得

$(p+g)m\leqslant pf(c)+gf(d)\leqslant(p+g)M$,

即 $m\leqslant\dfrac{pf(c)+gf(d)}{p+g}\leqslant M$.

由介值定理知:在 $[a,b]$ 内至少存在一点 ξ,使得

$$\frac{pf(c)+gf(d)}{p+g}=f(\xi),$$

即 $pf(c)+gf(d)=(p+g)f(\xi)$.

20. **点拨**:此题考查零点定理.

证明:令 $F(x)=f(x)-\sqrt{f(x_1)f(x_2)}$,则

$F(x_1)F(x_2)=[f(x_1)-\sqrt{f(x_1)f(x_2)}]\cdot$
$\qquad[f(x_2)-\sqrt{f(x_1)f(x_2)}]$
$=2f(x_1)\cdot f(x_2)-[f(x_1)+$
$\qquad f(x_2)]\cdot\sqrt{f(x_1)f(x_2)}$
$=\sqrt{f(x_1)f(x_2)}\{2\sqrt{f(x_1)f(x_2)}-[f(x_1)+f(x_2)]\}$
$=-\sqrt{f(x_1)f(x_2)}[\sqrt{f(x_1)}-\sqrt{f(x_2)}]^2\leqslant 0.$

若 $F(x_1)=0$ 或 $F(x_2)=0$,则取 $\xi=x_1$ 或 x_2.

若 $F(x_1)\cdot F(x_2)<0$,由于 $F(x)$ 在 $[x_1,x_2]$ 上连续,由零点定理知:存在 $\xi\in(x_1,x_2)$,使得 $F(\xi)=0$,故存在 $\xi\in[x_1,x_2]$,使得

$$f(\xi)=\sqrt{f(x_1)f(x_2)}.$$

第二章 导数与微分

(A)卷参考答案及点拨

一、选择题

1. (B)

点拨:此题考查导函数的性质.

解:由条件知 $f'(x)$ 存在,且 $f(-x)=-f(x)$,因此在上式两端求导,得

$f'(-x)\cdot(-1)=-f'(x)$,即 $f'(-x)=f'(x)$,

故 $f'(x)$ 是偶函数,应选(B).

2. (D)

点拨:此题考查导数的定义.

解:$f'(1)=\lim_{x\to 0}\dfrac{f(1+x)-f(1)}{x}$

$\qquad=\lim_{x\to 0}\dfrac{af(x)-af(0)}{x}$

$$= a \lim_{x \to 0} \frac{f(x) - f(0)}{x - 0}$$
$$= a f'(0) = ab.$$
故应选(D).

3. (B)

点拨:此题考查左、右导数存在性判断.

解: $f'_+(1) = \lim\limits_{x \to 1^+} \dfrac{x^2 - \frac{2}{3}}{x - 1} = \infty$,

$f'_-(1) = \lim\limits_{x \to 1^-} \dfrac{\frac{2}{3}x^3 - \frac{2}{3}}{x - 1} = 2.$

故应选(B).

4. (C)

点拨:注意左导数、右导数与函数在一点的导数定义的异同.

$f'(x_0) = \lim\limits_{x \to x_0} \dfrac{f(x) - f(x_0)}{x - x_0}$;

$f'_+(x_0) = \lim\limits_{x \to x_0^+} \dfrac{f(x) - f(x_0)}{x - x_0}$;

$f'_-(x_0) = \lim\limits_{x \to x_0^-} \dfrac{f(x) - f(x_0)}{x - x_0}.$

解: 由 $\lim\limits_{h \to 0} \dfrac{f(h^2)}{h^2} = 1$ 及 $f(x)$ 在 $x = 0$ 处的连续性,

知 $f(0) = 0$, $1 = \lim\limits_{h \to 0} \dfrac{f(h^2)}{h^2} = \lim\limits_{h \to 0^+} \dfrac{f(h^2) - f(0)}{h^2 - 0} = f'_+(0).$ 故应选(C).

5. (D)

点拨:此题考查导数的定义及导数的几何意义.

解: 由 $\lim\limits_{x \to 0} \dfrac{f(1) - f(1-x)}{2x} = \dfrac{1}{2} f'(1) = -1$,

得 $f'(1) = -2$,由导数的几何意义知切线斜率为 -2. 故应选(D).

6. (B)

点拨:此题考查微分及无穷小比较.

解: 由题设条件知 $dy = f'(x_0) \Delta x = 3 \Delta x$, 于是得 $\lim\limits_{\Delta x \to 0} \dfrac{dy}{\Delta x} = \lim\limits_{\Delta x \to 0} \dfrac{3 \Delta x}{\Delta x} = 3.$ 所以 dy 在 $\Delta x \to 0$ 时是 Δx 的同阶无穷小,故应选(B).

二、填空题

7. $a = -\dfrac{\pi}{4}, b = \dfrac{\pi}{4}$

点拨:此题考查函数在一点处的可导性及连续性.

解: 要使 $f(x)$ 在 $x = 1$ 处可导,则 $f(x)$ 在 $x = 1$ 处必连续.

由 $\lim\limits_{x \to 1^+} f(x) = \lim\limits_{x \to 1^-} f(x) = f(1)$,可得 $a + b = 0$,

即 $b = -a$.

又 $f'_+(1) = \lim\limits_{x \to 1^+} \dfrac{f(x) - f(1)}{x - 1}$

$= \lim\limits_{x \to 1^+} \dfrac{ax^2 - a}{x - 1} = 2a,$

$f'_-(1) = \lim\limits_{x \to 1^-} \dfrac{f(x) - f(1)}{x - 1} = \lim\limits_{x \to 1^-} \dfrac{x \cos \frac{\pi}{2} x}{x - 1}$

$\xlongequal{y = x - 1} \lim\limits_{y \to 0^-} \dfrac{-(y+1) \sin \frac{\pi}{2} y}{y}$

$= -\lim\limits_{y \to 0^-} \dfrac{\sin \frac{\pi}{2} y}{y} = -\dfrac{\pi}{2},$

由于 $f(x)$ 在 $x = 1$ 处可导,则 $2a = -\dfrac{\pi}{2}$,

得 $a = -\dfrac{\pi}{4}$. 故应填 $a = -\dfrac{\pi}{4}, b = \dfrac{\pi}{4}$.

8. $-\dfrac{3}{2}$

点拨:此题考查函数求导,本题在求导前先利用对数的性质把函数化简,可使求导运算简便.

解: $y = \dfrac{1}{2} [\ln(1-x) - \ln(1+x^2)]$,

$y' = \dfrac{1}{2} \left(\dfrac{-1}{1-x} - \dfrac{2x}{1+x^2} \right),$

$y'' = \dfrac{1}{2} \left[-\dfrac{1}{(1-x)^2} - \dfrac{2(1-x^2)}{(1+x^2)^2} \right],$

$y'' \big|_{x=0} = -\dfrac{3}{2}.$

故应填 $-\dfrac{3}{2}$.

9. $-\dfrac{1}{x^2} e^{\tan \frac{1}{x}} \left(\cos \dfrac{1}{x} + \sin \dfrac{1}{x} \cdot \sec^2 \dfrac{1}{x} \right)$

点拨:此题考查复合函数求导.

解: $y' = e^{\tan \frac{1}{x}} \cdot \cos \dfrac{1}{x} \cdot \left(-\dfrac{1}{x^2} \right) + \sin \dfrac{1}{x} \cdot e^{\tan \frac{1}{x}} \cdot \sec^2 \dfrac{1}{x} \cdot \left(-\dfrac{1}{x^2} \right)$

$= -\dfrac{1}{x^2} e^{\tan \frac{1}{x}} \left(\cos \dfrac{1}{x} + \sin \dfrac{1}{x} \cdot \sec^2 \dfrac{1}{x} \right),$

故应填 $-\dfrac{1}{x^2}\mathrm{e}^{\tan\frac{1}{x}}\left(\cos\dfrac{1}{x}+\sin\dfrac{1}{x}\cdot\sec^2\dfrac{1}{x}\right)$.

10. $y=1-2x$

点拨：通过对参数方程所确定的函数进行求导确定函数的导数，进一步由导数的几何意义确定法线斜率，写出法线方程.

解：$\dfrac{\mathrm{d}y}{\mathrm{d}x}=\dfrac{\mathrm{d}y/\mathrm{d}t}{\mathrm{d}x/\mathrm{d}t}=\dfrac{\mathrm{e}^t\cos t-\mathrm{e}^t\sin t}{\mathrm{e}^t\sin 2t+2\mathrm{e}^t\cos 2t}$

$=\dfrac{\cos t-\sin t}{\sin 2t+2\cos 2t}$,

当 $x=0,y=1$ 时，$t=0$，从而 $\dfrac{\mathrm{d}y}{\mathrm{d}x}\Big|_{t=0}=\dfrac{1}{2}$,

所以法线斜率 $k=-2$，则曲线在 $(0,1)$ 处的法线方程为 $y=1-2x$. 故应填 $y=1-2x$.

11. 27

点拨：此题考查导数的物理意义.

解：当 $t=3$ 时，

$V_{瞬时}=\lim\limits_{\Delta t\to 0}\dfrac{\Delta s}{\Delta t}=\lim\limits_{\Delta t\to 0}\dfrac{(3+\Delta t)^3+20-(3^3+20)}{\Delta t}$

$=27$.

故应填 27.

12. $(\ln 2-1)\mathrm{d}x$

点拨：此题考查隐函数求导.

解：把 $x=0$ 代入方程，得 $y=1$.

方程两端对 x 求导，得

$2^{xy}\cdot\ln 2\cdot(y+xy')=1+y'$,

把 $x=0,y=1$ 代入上式，得 $y'\Big|_{\substack{x=0\\y=1}}=\ln 2-1$,

所以 $\mathrm{d}y\Big|_{x=0}=(\ln 2-1)\mathrm{d}x$.

三、解答题

13. $\dfrac{1}{2}g'(0)$

点拨：此题考查导数的定义及极限的求法.

解：原式 $=\lim\limits_{x\to 0}\dfrac{g(1-\cos x)}{1-\cos x}\cdot\dfrac{1-\cos x}{\sin x^2}$

$=\lim\limits_{t\to 0}\dfrac{g(t)}{t}\cdot\lim\limits_{x\to 0}\dfrac{\frac{1}{2}x^2}{x^2}$

$=\dfrac{1}{2}\lim\limits_{t\to 0}\dfrac{g(t)-g(0)}{t}=\dfrac{1}{2}g'(0)$.

14. 1

点拨：(1)欲求由方程 $F(x)=0$ 所确定的隐函数 $y=f(x)$ 的一阶导数，要把方程中的 x 看作自变量，而将 y 视为 x 的函数，方程中关于 y 的函数便是 x 的复合函数，用复合函数的求导法则，便可得到关于 y' 的一次方程，从中解得 y' 即为所求.

(2)若求 $y'\Big|_{x=x_0}$，由于(1)中所得 y' 的表达式通常用隐函数 y 及自变量 x 表示，所以，在计算 $x=x_0$ 的导数时，通常由原方程解出相应的 y_0，然后将 (x_0,y_0) 一起代入 y' 的表达式中，便可求得 $y'\Big|_{x=x_0}$.

解：把 $x=0$ 代入方程 $\ln(x^2+y)=x^3y+\sin x$，

得 $\ln y=0$，则 $y=1$.

方程两边关于 x 求导，得

$\dfrac{1}{x^2+y}\left(2x+\dfrac{\mathrm{d}y}{\mathrm{d}x}\right)=3x^2y+x^3\dfrac{\mathrm{d}y}{\mathrm{d}x}+\cos x$.

把 $x=0,y=1$ 代入上式，得 $\dfrac{\mathrm{d}y}{\mathrm{d}x}\Big|_{x=0}=1$.

15. (Ⅰ) $f(x)=kx(x+2)(x+4)$.

(Ⅱ) $k=-\dfrac{1}{2}$ 时，$f(x)$ 在 $x=0$ 处可导

点拨：此题考查函数在一点处可导的定义及函数解析式的求法.

解：(Ⅰ)当 $-2\leqslant x\leqslant 0$ 时，$0\leqslant x+2\leqslant 2$，

$f(x)=kf(x+2)=k(x+2)[(x+2)^2-4]$

$=kx(x+2)(x+4)$.

(Ⅱ)因为 $f_-(0)=f_+(0)=f(0)=0$，

所以 $f(x)$ 在 $x=0$ 处连续.

$f'_+(0)=\lim\limits_{x\to 0^+}\dfrac{f(x)-f(0)}{x}$

$=\lim\limits_{x\to 0^+}\dfrac{x(x^2-4)}{x}=-4$,

$f'_-(0)=\lim\limits_{x\to 0^-}\dfrac{f(x)-f(0)}{x}$

$=\lim\limits_{x\to 0^-}\dfrac{kx(x+2)(x+4)}{x}=8k$,

令 $f'_+(0)=f'_-(0)$，得 $k=-\dfrac{1}{2}$,

即当 $k=-\dfrac{1}{2}$ 时，$f(x)$ 在 $x=0$ 处可导.

16. $\dfrac{\mathrm{d}^2 y}{\mathrm{d} x^2} = \dfrac{y(1+\ln y)^2 - x(1+\ln x)^2}{xy(1+\ln y)^3}$

点拨：对方程进行适当的恒等变形，然后利用隐函数求导法则求导即可.

解：$y^{\frac{1}{x}} = x^{\frac{1}{y}}$，等价于 $\dfrac{1}{x}\ln y = \dfrac{1}{y}\ln x$，

即有 $y\ln y = x\ln x$，对等式两端关于 x 求导，得

$$(1+\ln y)\dfrac{\mathrm{d}y}{\mathrm{d}x} = 1+\ln x,$$

即 $\dfrac{\mathrm{d}y}{\mathrm{d}x} = \dfrac{1+\ln x}{1+\ln y}$.

所以 $\dfrac{\mathrm{d}^2 y}{\mathrm{d} x^2} = \dfrac{\dfrac{1}{x}(1+\ln y) - \dfrac{1}{y}y'(1+\ln x)}{(1+\ln y)^2}$

$= \dfrac{y(1+\ln y)^2 - x(1+\ln x)^2}{xy(1+\ln y)^3}.$

17. $\dfrac{\mathrm{d}^2 y}{\mathrm{d} x^2} = \dfrac{(6t+5)(t+1)}{t}$

点拨：此题考查参数方程求二阶导数.

解：$\dfrac{\mathrm{d}y}{\mathrm{d}x} = \dfrac{\mathrm{d}y}{\mathrm{d}t}\Big/\dfrac{\mathrm{d}x}{\mathrm{d}t} = \dfrac{3t^2 + 2t}{1 - \dfrac{1}{1+t}} = (t+1)(3t+2),$

$\dfrac{\mathrm{d}^2 y}{\mathrm{d} x^2} = \dfrac{\dfrac{\mathrm{d}}{\mathrm{d}t}\left(\dfrac{\mathrm{d}y}{\mathrm{d}x}\right)}{\dfrac{\mathrm{d}x}{\mathrm{d}t}} = \dfrac{6t+5}{1-\dfrac{1}{1+t}} = \dfrac{(6t+5)(t+1)}{t}.$

18. $f^{(n)}(x) = \dfrac{(-1)^n \cdot 2 \cdot n!}{(1+x)^{n+1}}$

点拨：(1)求 $f(x)$ 的 n 阶导数时，一般先求出前几阶导数，从中找出规律，进而得出 $f(x)$ 的 n 阶导数表达式.

(2)对于某些复杂函数求高阶导数，需先化简，恒等变形，化为常见函数类，再求其 n 阶导数.

解：$f(x) = -1 + 2(1+x)^{-1},$

$f'(x) = 2 \cdot (-1) \cdot (1+x)^{-2},$

$f''(x) = 2 \cdot (-1) \cdot (-2) \cdot (1+x)^{-3},$

$f'''(x) = 2 \cdot (-1) \cdot (-2) \cdot (-3) \cdot (1+x)^{-4}, \cdots,$

$f^{(n)}(x) = 2 \cdot (-1) \cdot (-2) \cdot \cdots \cdot (-n) \cdot$

$(1+x)^{-n-1} = \dfrac{(-1)^n \cdot 2 \cdot n!}{(1+x)^{n+1}}.$

19. 切线方程为 $x - y - \dfrac{3}{4}\sqrt{3} + \dfrac{5}{4} = 0$；

法线方程为 $x + y - \dfrac{\sqrt{3}}{4} + \dfrac{1}{4} = 0$

点拨：(1)一般地，由极坐标表示的曲线，可把 θ 视作参数，写出曲线的参数方程，再利用参数方程求导公式即可得出函数的导数.

(2)一般地，极坐标方程 $r = r(\theta)$ 均可化为参数方程 $\begin{cases} x = r(\theta)\cos\theta, \\ y = r(\theta)\sin\theta. \end{cases}$

解：此曲线的参数方程为

$\begin{cases} x = r\cos\theta = (1-\cos\theta)\cos\theta, \\ y = r\sin\theta = (1-\cos\theta)\sin\theta, \end{cases}$

即 $\begin{cases} x = \cos\theta - \cos^2\theta, \\ y = \sin\theta - \cos\theta \cdot \sin\theta. \end{cases}$

由 $\theta = \dfrac{\pi}{6}$ 得切点坐标为 $\left(\dfrac{\sqrt{3}}{2} - \dfrac{3}{4}, \dfrac{1}{2} - \dfrac{\sqrt{3}}{4}\right).$

$\dfrac{\mathrm{d}y}{\mathrm{d}x}\bigg|_{\theta=\frac{\pi}{6}} = \dfrac{\mathrm{d}y/\mathrm{d}\theta}{\mathrm{d}x/\mathrm{d}\theta}\bigg|_{\theta=\frac{\pi}{6}}$

$= \dfrac{\cos\theta - \cos^2\theta + \sin^2\theta}{-\sin\theta + 2\cos\theta\sin\theta}\bigg|_{\theta=\frac{\pi}{6}} = 1,$

于是所求切线方程为

$y - \dfrac{1}{2} + \dfrac{\sqrt{3}}{4} = x - \dfrac{\sqrt{3}}{2} + \dfrac{3}{4},$

即 $x - y - \dfrac{3}{4}\sqrt{3} + \dfrac{5}{4} = 0.$

法线方程为 $y - \dfrac{1}{2} + \dfrac{\sqrt{3}}{4} = -\left(x - \dfrac{\sqrt{3}}{2} + \dfrac{3}{4}\right),$

即 $x + y - \dfrac{\sqrt{3}}{4} + \dfrac{1}{4} = 0.$

20. 切线方程为 $y = 27x - 54$

点拨：由于点 $(2, 0)$ 不在曲线上，必须另设切点，利用切线过点 $(2, 0)$，求出切线方程.

解：设切点为 (x_0, x_0^3)，则切线方程为

$y - x_0^3 = 3x_0^2(x - x_0),$

即 $y = 3x_0^2 x - 2x_0^3.$

由于切线过点 $(2, 0)$，于是有 $6x_0^2 - 2x_0^3 = 0,$

解得 $x_0 = 0$（舍去）或 $x_0 = 3$，相应切点为 $(3, 27)$，切线方程为 $y = 27x - 54.$

(B)卷参考答案及点拨

一、选择题

1. (D)

点拨：分段函数在分界点的极限、连续和可导问题一般应采用定义通过左、右两端进行讨论. 极限、连续和可导三者之间的关系是：可导⇒连续⇒极限存在，但反过来未必成立.

解：$\lim\limits_{x \to 0^+} f(x) = \lim\limits_{x \to 0^+} \frac{1-\cos x}{\sqrt{x}} = \lim\limits_{x \to 0^+} \frac{\frac{1}{2}x^2}{\sqrt{x}} = 0 = f(0)$,

$\lim\limits_{x \to 0^-} f(x) = \lim\limits_{x \to 0^-} x^2 g(x) = 0 = f(0)$,

故 $f(x)$ 在 $x=0$ 处极限存在，且连续，(A)、(B) 不正确.

$f'_-(0) = \lim\limits_{x \to 0^-} \frac{x^2 g(x) - 0}{x} = \lim\limits_{x \to 0^-} x g(x) = 0$,

$f'_+(0) = \lim\limits_{x \to 0^+} \frac{\frac{1-\cos x}{\sqrt{x}} - 0}{x} = \lim\limits_{x \to 0^+} \frac{\frac{1}{2}x^2}{x^{\frac{3}{2}}} = 0$.

故 $f(x)$ 在 $x=0$ 处可导. 故应选 (D).

2. (B)

点拨：由 $f(0)=0$ 知，$f(x)$ 在 $x=0$ 处可导的充要条件是 $\lim\limits_{x \to 0} \frac{f(x)}{x}$ 存在. 选择时关键是验证选项中哪一个与上述极限等价.

事实上，由 $1-\cos h \geqslant 0$ 知 (A) 不对；

由 $h - \sin h = o(h^2)$ (当 $h \to 0$ 时) 知 (C) 不对；

由 $\lim\limits_{h \to 0} \frac{f(2h) - f(h)}{h}$ 存在不能保证 $f(x)$ 在 $x=0$ 处连续，知 (D) 亦不对；

由 $1 - e^h \sim -h$ 知选项 (B) 正确.

解：因为 $\lim\limits_{h \to 0} \frac{1}{h} f(1-e^h)$

$= \lim\limits_{h \to 0} \frac{f(1-e^h) - f(0)}{1-e^h} \cdot \frac{1-e^h}{h}$

$= -\lim\limits_{h \to 0} \frac{f(1-e^h) - f(0)}{1-e^h}$

$\xlongequal{\Delta x = 1 - e^h} -\lim\limits_{\Delta x \to 0} \frac{f(0 + \Delta x) - f(0)}{\Delta x} = -f'(0)$,

选项 (A)：

$\lim\limits_{h \to 0} \frac{1}{h^2} f(1 - \cos h)$

$= \lim\limits_{h \to 0} \frac{f(1-\cos h) - f(0)}{1 - \cos h} \cdot \frac{1 - \cos h}{h^2}$

$= \frac{1}{2} f'_+(0)$.

选项 (C)：

$\lim\limits_{h \to 0} \frac{1}{h^2} f(h - \sin h)$

$= \lim\limits_{h \to 0} \frac{f(h - \sin h) - f(0)}{h - \sin h} \cdot \frac{h - \sin h}{h^2} = 0$.

选项 (D)：

$\lim\limits_{h \to 0} \frac{f(2h) - f(h)}{h}$ 存在，可知 $\lim\limits_{h \to 0} [f(2h) - f(h)] = 0$,

不能保证 $f(x)$ 在 $x=0$ 处连续，因此，不能判别 $f(x)$ 在 $x=0$ 处可导. 故应选 (B).

3. (D)

点拨：若 $x = x_0$ 为 $f(x)$ 的间断点，则有：

(1) 若 $\lim\limits_{x \to x_0^-} f(x) = \infty$，或 $\lim\limits_{x \to x_0^+} f(x) = \infty$，则 $x = x_0$ 为 $f(x)$ 的无穷间断点.

(2) 若 $\lim\limits_{x \to x_0} f(x)$ 存在，但 $\lim\limits_{x \to x_0} f(x) \neq f(x_0)$，则称 $x = x_0$ 为 $f(x)$ 的可去间断点.

(3) 若 $\lim\limits_{x \to x_0^-} f(x)$ 存在，$\lim\limits_{x \to x_0^+} f(x)$ 存在，且 $\lim\limits_{x \to x_0^-} f(x) \neq \lim\limits_{x \to x_0^+} f(x)$，则 $x = x_0$ 为 $f(x)$ 的跳跃间断点.

解：利用 $\lim\limits_{x \to 0} g(x)$ 的极限状态判别间断点 $x = 0$ 的类型.

由题意知 $f(0) = 0$，$x = 0$ 为 $g(x)$ 的间断点，则

$\lim\limits_{x \to 0} g(x) = \lim\limits_{x \to 0} \frac{f(x)}{x} = \lim\limits_{x \to 0} \frac{f(x) - f(0)}{x - 0} = f'(0)$,

所以 $x = 0$ 为可去间断点. 故应选 (D).

4. (A)

点拨：含有绝对值的函数应作为分段函数对待，因此函数在分界点的导数应按导数定义，通过

左、右导数进行分析.

$f(x)$ 在 $x=x_0$ 处可导的充要条件是左、右导数存在且相等.

解：$F(x)=\begin{cases} f(x)(1-\sin x), & x<0, \\ f(0), & x=0, \\ f(x)(1+\sin x), & x>0. \end{cases}$

$F'_-(0)=\lim\limits_{x\to 0^-}\dfrac{f(x)(1-\sin x)-f(0)}{x}$

$=\lim\limits_{x\to 0^-}\dfrac{f(x)-f(0)}{x}-\lim\limits_{x\to 0^-}f(x)\cdot\dfrac{\sin x}{x}$

$=f'(0)-f(0)$,

$F'_+(0)=\lim\limits_{x\to 0^+}\dfrac{f(x)(1+\sin x)-f(0)}{x}$

$=\lim\limits_{x\to 0^+}\dfrac{f(x)-f(0)}{x}+\lim\limits_{x\to 0^+}f(x)\cdot\dfrac{\sin x}{x}$

$=f'(0)+f(0)$.

若使 $F(x)$ 在 $x=0$ 处可导，则必须 $F'_-(0)=F'_+(0)$，则 $f(0)=0$. 故应选(A).

5. (D)

点拨：(1) $f(x)$ 为可导的周期函数，则 $f'(x)$ 也为周期函数且周期不变.

(2) 设 $f(x)$ 可导，若 $f(x)$ 为奇函数，则 $f'(x)$ 为偶函数；若 $f(x)$ 为偶函数，则 $f'(x)$ 为奇函数.

解：由 $\lim\limits_{x\to 0}\dfrac{f(1)-f(1-x)}{2x}=\dfrac{1}{2}f'(1)=-1$，可知 $f'(1)=-2$.

由 $f(x)$ 以 4 为周期知，$f'(x)$ 也以 4 为周期，则 $f'(5)=f'(4+1)=f'(1)=-2$. 故应选(D).

6. (B)

点拨：此题考查极坐标与直角坐标互化及参数方程求导数.

解：对数螺线的参数方程为 $\begin{cases} x=e^\theta\cos\theta, \\ y=e^\theta\sin\theta, \end{cases}$

即 $\theta=\dfrac{\pi}{2}$ 处对应点 $(0,e^{\frac{\pi}{2}})$.

而 $\dfrac{dy}{dx}=\dfrac{dy/d\theta}{dx/d\theta}=\dfrac{\sin\theta+\cos\theta}{\cos\theta-\sin\theta}$，所以 $\dfrac{dy}{dx}\Big|_{\theta=\frac{\pi}{2}}=-1$，

则对数螺线在 $(0,e^{\frac{\pi}{2}})$ 的切线方程为 $y-e^{\frac{\pi}{2}}=-x$，

即 $x+y=e^{\frac{\pi}{2}}$. 故应选(B).

二、填空题

7. $2x-y-12=0$

点拨：此题考查可导与连续的关系，导数的定义，及周期函数的性质.

解：由 $\lim\limits_{x\to 0}[f(1+\sin x)-3f(1-\sin x)]=\lim\limits_{x\to 0}[8x+\alpha(x)]$，得 $f(1)-3f(1)=0$，故 $f(1)=0$.

又 $\lim\limits_{x\to 0}\dfrac{f(1+\sin x)-3f(1-\sin x)}{\sin x}$

$=\lim\limits_{x\to 0}\left[\dfrac{8x}{\sin x}+\dfrac{\alpha(x)}{x}\right]=8$，

设 $\sin x=t$，则有

$\lim\limits_{x\to 0}\dfrac{f(1+\sin x)-3f(1-\sin x)}{\sin x}$

$=\lim\limits_{t\to 0}\dfrac{f(1+t)-f(1)}{t}+3\lim\limits_{t\to 0}\dfrac{f(1-t)-f(1)}{-t}=$

$4f'(1)$，所以 $f'(1)=2$.

由于 $f(x+5)=f(x)$，所以 $f(6)=f(1)=0$，$f'(6)=f'(1)=2$.

故所求的切线方程为 $y=2(x-6)$，

即 $2x-y-12=0$.

8. $4a^6$

点拨：利用切线与切点的几何意义即可求得结论.

解：设曲线 $y=x^3-3a^2x+b$ 在 $x=x_0$ 处与 x 轴相切，则 $y'(x_0)=0$，$y(x_0)=0$，即有 $3x_0^2=3a^2$，且 $x_0^3-3a^2x_0+b=0$. 解得 $x_0^2=a^2$，$b^2=4a^6$.

故应填 $4a^6$.

9. $\dfrac{\cot\dfrac{1}{x}}{2x^2\cdot\sqrt{\sin\dfrac{1}{x}}}$

点拨：复合函数的求导关键在于弄清复合关系，从外层到内层一步一步进行求导运算，不要遗漏，尤其当既有四则运算，又有复合函数运算时，要根据题目中给出的函数表达式决定先用四则运算求导法则还是先用复合函数求导法则.

解：$y=\dfrac{1}{\sqrt{\sin\dfrac{1}{x}}}=\left(\sin\dfrac{1}{x}\right)^{-\frac{1}{2}}$,

12

$$y' = -\frac{1}{2}\left(\sin\frac{1}{x}\right)^{-\frac{3}{2}}\cos\frac{1}{x} \cdot \left(-\frac{1}{x^2}\right)$$

$$= \frac{\cot\frac{1}{x}}{2x^2 \cdot \sqrt{\sin\frac{1}{x}}}.$$

故应填 $\dfrac{\cot\dfrac{1}{x}}{2x^2 \cdot \sqrt{\sin\dfrac{1}{x}}}$.

10. $\dfrac{-f''[f^{-1}(x)]}{\{f'[f^{-1}(x)]\}^3}$

点拨:此题考查反函数的导数公式.

解:因为 $f'[f^{-1}(x)] \neq 0$,所以由反函数的导数公式有

$$\frac{d[f^{-1}(x)]}{dx} = \frac{dy}{dx} = \frac{1}{\frac{dx}{dy}} = \frac{1}{f'(y)} = \frac{1}{f'[f^{-1}(x)]},$$

$$\frac{d^2[f^{-1}(x)]}{dx^2} = \frac{d}{dx}\left\{\frac{1}{f'[f^{-1}(x)]}\right\}$$

$$= \frac{-\{f'[f^{-1}(x)]\}'}{\{f'[f^{-1}(x)]\}^2}$$

$$= \frac{-f''[f^{-1}(x)][f^{-1}(x)]'}{\{f'[f^{-1}(x)]\}^2}$$

$$= \frac{-f''[f^{-1}(x)]}{\{f'[f^{-1}(x)]\}^2} \cdot \frac{1}{f'[f^{-1}(x)]}$$

$$= \frac{-f''[f^{-1}(x)]}{\{f'[f^{-1}(x)]\}^3}.$$

故应填 $\dfrac{-f''[f^{-1}(x)]}{\{f'[f^{-1}(x)]\}^3}$.

11. $\dfrac{(-1)^n 2^n n!}{3^{n+1}}$

点拨:求高阶导数的基本思路是逐阶求导,利用各阶导数的规律写出 $y^{(n)}$ 的表达式. 对于一些比较特殊的函数,读者应记住其高阶导数公式:

① $y = \sin x, y^{(n)} = \sin\left(x + n \cdot \dfrac{\pi}{2}\right)$;

② $y = \dfrac{1}{x}, y^{(n)} = \dfrac{(-1)^n n!}{x^{n+1}}$;

③ $y = xe^x, y^{(n)} = (x+n)e^x$.

解:利用公式 $\left(\dfrac{1}{x}\right)^{(n)} = \dfrac{(-1)^n n!}{x^{n+1}}$,知

$$\left(\frac{1}{2x+3}\right)^{(n)} = \frac{(-1)^n 2^n n!}{(2x+3)^{n+1}},$$

所以 $y^{(n)}(0) = \dfrac{(-1)^n 2^n n!}{3^{n+1}}$.

故应填 $\dfrac{(-1)^n 2^n n!}{3^{n+1}}$.

12. $e^{f(x)}\left[\dfrac{1}{x}f'(\ln x) + f(\ln x)f'(x)\right]dx$

点拨:此题考查复合函数求微分.

解:$dy = d[f(\ln x)e^{f(x)}]$

$= d[f(\ln x)] \cdot e^{f(x)} + f(\ln x) \cdot d[e^{f(x)}]$

$= f'(\ln x)e^{f(x)}d(\ln x) + f(\ln x) \cdot e^{f(x)}d[f(x)]$

$= \left[\dfrac{1}{x}e^{f(x)}f'(\ln x) + f(\ln x)e^{f(x)}f'(x)\right]dx$

$= e^{f(x)}\left[\dfrac{1}{x}f'(\ln x) + f(\ln x)f'(x)\right]dx$,

故应填 $e^{f(x)}\left[\dfrac{1}{x}f'(\ln x) + f(\ln x)f'(x)\right]dx$.

三、解答题

13. $a = 3, b = -2, f'(x) = \begin{cases} -\dfrac{2}{1-2x}, & x \leq 0, \\ -2e^x, & x > 0 \end{cases}$

点拨:利用 $f(x)$ 在 $x = 0$ 处的连续性和可导性即可确定参数.

解:要使 $f(x)$ 在 $x = 0$ 处可导,必有 $f(x)$ 在 $x = 0$ 处连续,即 $\lim\limits_{x \to 0^-}f(x) = \lim\limits_{x \to 0^+}f(x) = f(0) = 1$,

得 $a + b = 1$,即当 $a + b = 1$ 时,$f(x)$ 在 $x = 0$ 处连续. 由导数定义及 $a + b = 1$,可得

$$f'_-(0) = \lim_{x \to 0^-}\frac{f(x) - f(0)}{x}$$

$$= \lim_{x \to 0^-}\frac{1 + \ln(1-2x) - 1}{x} = -2,$$

$$f'_+(0) = \lim_{x \to 0^+}\frac{f(x) - f(0)}{x}$$

$$= \lim_{x \to 0^+}\frac{a + be^x - (a+b)}{x}$$

$$= \lim_{x \to 0^+}\frac{b(e^x - 1)}{x} = b,$$

由于 $f(x)$ 在 $x = 0$ 处可导,则 $f'_-(0) = f'_+(0)$,得 $b = -2$,于是 $a = 3$,且有 $f'(0) = -2$,

故 $f'(x) = \begin{cases} -\dfrac{2}{1-2x}, & x \leq 0, \\ -2e^x, & x > 0. \end{cases}$

14. $b \neq 0, a = 0$

点拨:利用导数定义及复合函数求导法则直接求导.

解:如果 $f(x)$ 在 x_0 处可导且 $f(x_0) \neq 0$,根据复合函数的求导法则,有

$$[|f(x)|]'\Big|_{x=x_0} = [\sqrt{f^2(x)}]'\Big|_{x=x_0}$$
$$= \frac{2f(x)f'(x)}{2\sqrt{f^2(x)}}\Big|_{x=x_0} = \frac{f(x_0)f'(x_0)}{|f(x_0)|}.$$

因此,当 $f(x)$ 在 x_0 可导,而 $|f(x)|$ 在 x_0 不可导时,一定有 $f(x_0)=0$,所以 $a=0$.

又当 $f(x_0)=0$ 时,设 $g(x)=|f(x)|$,则

$$g'_+(x_0) = \lim_{x\to x_0^+} \frac{|f(x)|-|f(x_0)|}{x-x_0}$$
$$= \lim_{x\to x_0^+} \frac{|f(x)|}{x-x_0} = \lim_{x\to x_0^+}\left|\frac{f(x)-f(x_0)}{x-x_0}\right|$$
$$= |f'(x_0)|,$$

$$g'_-(x_0) = \lim_{x\to x_0^-} \frac{|f(x)|-|f(x_0)|}{x-x_0}$$
$$= \lim_{x\to x_0^-} \frac{|f(x)|}{x-x_0} = -\lim_{x\to x_0^-}\left|\frac{f(x)-f(x_0)}{x-x_0}\right|$$
$$= -|f'(x_0)|.$$

函数在一点可导的充分必要条件是其在该点左、右导数存在并相等,故 $g(x)=|f(x)|$ 在 x_0 处不可导,一定有 $|f'(x_0)| \neq -|f'(x_0)|$,即 $|f'(x_0)| \neq 0$,从而 $f'(x_0) \neq 0$,即 $b \neq 0, a = 0$.

注意:利用定义求导数是考研题中常出现的题型.考生应深刻理解导数定义,并牢记函数 $f(x)$ 在点 x_0 处可导的充要条件是:
$$f'_-(x_0) = f'_+(x_0).$$

15. 当 $a+b=1$ 时,$f(x)$ 在 $(-\infty,+\infty)$ 内连续;
当 $a=2, b=-1$ 时,$f(x)$ 在 $(-\infty,+\infty)$ 内可导

点拨:首先写出 $f(x)$ 的表达式,然后分别讨论 $f(x)$ 的连续性与可导性.

解:① 先讨论连续性.
$$f(x) = \begin{cases} ax+b, & x<1, \\ \frac{a+b+1}{2}, & x=1, \\ x^2, & x>1. \end{cases}$$

因 $\lim_{x\to 1^-} f(x) = a+b$,$\lim_{x\to 1^+} f(x) = 1$,
$f(1) = \frac{a+b+1}{2}$,

所以,当 $a+b=1$ 时,$f(x)$ 在 $x=1$ 处连续.
而 $x \neq 1$ 时,$f(x)$ 为初等函数,显然连续.
从而有,当 $a+b=1$ 时,$f(x)$ 在 $(-\infty,+\infty)$ 内连续.

② 先在 $a+b=1$ 下讨论 $f(x)$ 的可导性.
当 $x<1$ 时,$f'(x)=a$;当 $x>1$ 时,$f'(x)=2x$;
在 $x=1$ 处,

$$f'_-(1) = \lim_{x\to 1^-} \frac{f(x)-f(1)}{x-1}$$
$$= \lim_{x\to 1^-} \frac{ax+b-(a+b)}{x-1} = a,$$

$$f'_+(1) = \lim_{x\to 1^+} \frac{f(x)-f(1)}{x-1} = \lim_{x\to 1^+} \frac{x^2-1}{x-1} = 2.$$

故当 $a=2, b=-1$ 时,$f(x)$ 在 $(-\infty,+\infty)$ 内可导.

16. $f'(x)$ 在 $x=0$ 处连续

点拨:本题考查了分段函数导数的求法及导函数在某点处连续的定义.一般地,分段函数在区间上的导数可用求导法则及公式计算,而分段函数在分界点的导数应按导数定义计算.若分段函数在分界点两侧表达式不同,则应分别求左、右导数.

解:当 $x \neq 0$ 时,$f'(x) = \arctan\frac{1}{x^2} - \frac{2x^2}{1+x^4}$,

当 $x=0$ 时,$f'(0) = \lim_{x\to 0} \frac{x\arctan\frac{1}{x^2}}{x} = \frac{\pi}{2}.$

又因为

$$\lim_{x\to 0} f'(x) = \lim_{x\to 0}\left(\arctan\frac{1}{x^2} - \frac{2x^2}{1+x^4}\right)$$
$$= \frac{\pi}{2} = f'(0),$$

所以 $f'(x)$ 在 $x=0$ 处连续.

17. $f(x) = e^{-\frac{1}{x}}$

点拨:利用导数定义建立极限与函数的关系即可求解.

解:设 $y = \left[\frac{f(x+hx)}{f(x)}\right]^{\frac{1}{h}}$,则 $\ln y = \frac{1}{h}\ln\frac{f(x+hx)}{f(x)}$.

因为 $\lim\limits_{h\to 0}\ln y=\lim\limits_{h\to 0}\dfrac{1}{h}\ln\dfrac{f(x+hx)}{f(x)}$

$=\lim\limits_{h\to 0}\dfrac{x[\ln f(x+hx)-\ln f(x)]}{hx}$

$=x[\ln f(x)]'$,

故 $\lim\limits_{h\to 0}\left[\dfrac{f(x+hx)}{f(x)}\right]^{\frac{1}{h}}=\mathrm{e}^{x[\ln f(x)]'}$.

由已知条件知 $\mathrm{e}^{x[\ln f(x)]'}=\mathrm{e}^{\frac{1}{x}}$,

因此 $x[\ln f(x)]'=\dfrac{1}{x}$,即 $[\ln f(x)]'=\dfrac{1}{x^2}$,

$f(x)=c\cdot \mathrm{e}^{-\frac{1}{x}}$.

又 $\lim\limits_{x\to +\infty}f(x)=1$,则 $c=1$,所以 $f(x)=\mathrm{e}^{-\frac{1}{x}}$.

18. 3

点拨:本题是参数方程所确定的函数的求导问题,其中 y 又是关于 t 的复合函数,因此利用参数方程求导法及复合函数求导法即可.

解:令 $u=\mathrm{e}^{3t}-1$,则

$\dfrac{\mathrm{d}y}{\mathrm{d}x}=\dfrac{\frac{\mathrm{d}y}{\mathrm{d}t}}{\frac{\mathrm{d}x}{\mathrm{d}t}}=\dfrac{\frac{\mathrm{d}y}{\mathrm{d}u}\cdot\frac{\mathrm{d}u}{\mathrm{d}t}}{\frac{\mathrm{d}x}{\mathrm{d}t}}=\dfrac{[f'_u(u)]3\mathrm{e}^{3t}}{f'_t(t)}$,

当 $t=0$ 时,$u=0$,因此 $\dfrac{\mathrm{d}y}{\mathrm{d}x}\bigg|_{t=0}=\dfrac{f'(0)\cdot 3}{f'(0)}=3$.

19. 点拨:利用导数的几何意义写出切线方程,进而求出截距即可.

解:设抛物线上任一点的坐标为 (x_0,y_0),方程两边对 x 求导,得

$\dfrac{1}{2}x^{-\frac{1}{2}}+\dfrac{1}{2}y^{-\frac{1}{2}}y'=0$,

即 $y'=-\dfrac{\sqrt{y}}{\sqrt{x}}$,$y'\bigg|_{x=x_0}=-\dfrac{\sqrt{y_0}}{\sqrt{x_0}}$.

过点 (x_0,y_0) 处的切线方程为

$y-y_0=-\dfrac{\sqrt{y_0}}{\sqrt{x_0}}(x-x_0)$,

在 x 轴上的截距为 $x=\sqrt{x_0}(\sqrt{x_0}+\sqrt{y_0})$,

在 y 轴上的截距为 $y=\sqrt{y_0}(\sqrt{x_0}+\sqrt{y_0})$,

所以 $x+y=(\sqrt{x_0}+\sqrt{y_0})^2=1$.

20. 切线方程 $y-\dfrac{1}{\sqrt{\alpha}}=-\dfrac{1}{2\sqrt{\alpha^3}}(x-\alpha)$,$S=\dfrac{9}{4}\sqrt{\alpha}$.

当切点按 x 轴正方向趋于无穷远时,有 $\lim\limits_{\alpha\to +\infty}S=+\infty$.

当切点按 y 轴正方向趋于无穷远时,有 $\lim\limits_{\alpha\to 0^+}S=0$.

点拨:先求出过点 $\left(\alpha,\dfrac{1}{\sqrt{\alpha}}\right)$ 的切线方程,再求切线在 x 轴、y 轴上的截距,即可求得图形的面积 S,进而可讨论 S 的极限.

解:图形如图 2(b)-1 所示:

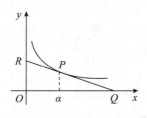

图 2(b)-1

由 $y=\dfrac{1}{\sqrt{x}}$,得 $y'=-\dfrac{1}{2}x^{-\frac{3}{2}}$,

则过点 $\left(\alpha,\dfrac{1}{\sqrt{\alpha}}\right)$ 的切线方程为

$y-\dfrac{1}{\sqrt{\alpha}}=-\dfrac{1}{2\sqrt{\alpha^3}}(x-\alpha)$.

切线与 x 轴和 y 轴的交点分别为 $Q(3\alpha,0)$ 和 $R\left(0,\dfrac{3}{2\sqrt{\alpha}}\right)$,于是 $\triangle ORQ$ 的面积为

$S=\dfrac{1}{2}\cdot 3\alpha\cdot\dfrac{3}{2\sqrt{\alpha}}=\dfrac{9}{4}\sqrt{\alpha}$.

当切点按 x 轴正方向趋于无穷远时,有 $\lim\limits_{\alpha\to +\infty}S=+\infty$.

当切点按 y 轴正方向趋于无穷远时,有 $\lim\limits_{\alpha\to 0^+}S=0$.

第三章 微分中值定理与导数的应用

(A)卷参考答案及点拨

一、选择题

1. (D)

点拨：此题考查连续函数的零点定理及函数单调性.连续函数的零点定理反映了方程根的存在性,而单调性则可进一步说明若有零点则零点在区间内是唯一的.

解：设 $f(x)=x\cdot e^x-a$，则 $f(x)$ 在 $(-\infty,+\infty)$ 内连续,当 $x<0$ 时,显然 $f(x)<-a<0$，所以 $f(x)$ 在 $(-\infty,0)$ 内无零点.

又 $f'(x)=e^x+x\cdot e^x=e^x(1+x)$.

当 $x\geqslant 0$ 时,$f'(x)>0$，所以 $f(x)$ 在 $[0,+\infty)$ 上单调增加,而 $f(0)=-a<0$，$\lim\limits_{x\to+\infty}f(x)=+\infty$，所以 $f(x)$ 在 $(0,+\infty)$ 内有唯一零点.

即方程 $x\cdot e^x=a$ 只有一个实根,且在 $(0,+\infty)$ 内.故应选(D).

2. (D)

点拨：此类问题一般是给出一个含有参数的函数,已知此函数在 x 趋于某一 x_0（x_0 可为一确定数值,也可为 $\pm\infty$）时的极限,求其参数值.一般而言,这类问题应先利用洛必达法则化简,再利用函数的连续性、可导性条件,把极限号去掉,之后求解以参数为未知量的方程（组）以确定参数值.

解：左式 $=\lim\limits_{x\to 0}\dfrac{a\sec^2 x+b\sin x}{-2c/(1-2x)+2dx e^{-x^2}}=-\dfrac{a}{2c}=2$，

即 $a=-4c$.故选(D).

3. (A)

点拨：此题考查 e^x 的麦克劳林展开式.

解：由 $e^x=1+x+\dfrac{x^2}{2!}+o(x^2)$，知

$e^x-(ax^2+bx+1)=(1-b)x+\left(\dfrac{1}{2}-a\right)x^2+o(x^2)$，

所以必有 $a=\dfrac{1}{2}$，$b=1$. 故应选(A).

4. (B)

点拨：此题考查使用洛必达法则的前提条件.

有的同学采用以下解法（即利用洛必达法则）

$\lim\limits_{x\to+\infty}\dfrac{x^2+\sin x}{x^2}=\lim\limits_{x\to+\infty}\dfrac{2x+\cos x}{2x}=\lim\limits_{x\to+\infty}\dfrac{2-\sin x}{2}$，

由于 $\lim\limits_{x\to+\infty}\sin x$ 不存在,所以原极限不存在,从而选(C).

以上解法是错误的.原因是使用洛必达法则的前提是 $\lim\limits_{x\to a}\dfrac{f'(x)}{F'(x)}$ 存在.

解：$\lim\limits_{x\to\infty}\dfrac{x^2+\sin x}{x^2}=\lim\limits_{x\to\infty}\left(1+\dfrac{1}{x^2}\cdot\sin x\right)=1+0=1$，

故应选(B).

5. (A)

点拨：此题考查极值点、拐点的判断.

解：由 $xf''(x)+3x[f'(x)]^2=1-e^x$，

当 $x\neq 0$ 时,有 $f''(x)=\dfrac{1-e^x}{x}-3[f'(x)]^2$，

则 $f''(x_0)=\dfrac{1-e^{x_0}}{x_0}-3[f'(x_0)]^2=\dfrac{1-e^{x_0}}{x_0}<0(x_0\neq 0)$.

所以 $f(x)$ 在 x_0 取得极大值.故应选(A).

6. (A)

点拨：此题考查渐近线的判断.

解：令 $t=\dfrac{1}{x}$，$\lim\limits_{x\to+\infty}x\sin\dfrac{1}{x}=\lim\limits_{t\to 0^+}\dfrac{\sin t}{t}=1$，

$\lim\limits_{x\to 0^+}x\sin\dfrac{1}{x}=\lim\limits_{t\to+\infty}\dfrac{\sin t}{t}=0$，

所以 $y=x\sin\dfrac{1}{x}$ 有水平渐近线但无垂直渐近线.故应选(A).

二、填空题

7. $\dfrac{\pi}{2}$

点拨：此题考查拉格朗日中值定理的推论（若 $f'(x)=0$，则 $f(x)=C$）.

解：设 $f(x)=\arcsin x+\arccos x$，则

$$f'(x)=\frac{1}{\sqrt{1-x^2}}-\frac{1}{\sqrt{1-x^2}}=0.$$

根据拉格朗日中值定理的推论（若 $f'(x)=0$，则 $f(x)=C$），得 $f(x)=C$.

令 $x=0$，得 $f(0)=\frac{\pi}{2}$. 故应填 $\frac{\pi}{2}$.

8. 36

点拨：此题考查极限与无穷小的关系及洛必达法则.

解：由 $\lim\limits_{x\to 0}\dfrac{\sin 6x+xf(x)}{x^3}=0$，根据极限与无穷小的关系知 $\dfrac{\sin 6x+xf(x)}{x^3}=\alpha(x)$，其中 $\alpha(x)$ 为 $x\to 0$ 时的无穷小量. 故 $f(x)=x^2\alpha(x)-\dfrac{\sin 6x}{x}$.

$$\lim_{x\to 0}\frac{6+f(x)}{x^2}=\lim_{x\to 0}\frac{6+x^2\alpha(x)-\frac{\sin 6x}{x}}{x^2}$$
$$=0+\lim_{x\to 0}\frac{6-6\cos 6x}{3x^2}=2\lim_{x\to 0}\frac{1-\cos 6x}{x^2}$$
$$=2\cdot\lim_{x\to 0}\frac{6\sin 6x}{2x}=36.$$

故应填 36.

9. $\dfrac{\ln a}{6}$

点拨：此题考查洛必达法则，数列求极限若需使用洛必达法则应先连续化，即求极限 $\lim\limits_{x\to\infty}x^3(a^{\frac{1}{x}}-a^{\sin\frac{1}{x}})$.

解析：令 $x=\dfrac{1}{t}$，则

$$\lim_{x\to\infty}x^3(a^{\frac{1}{x}}-a^{\sin\frac{1}{x}})=\lim_{t\to 0}\frac{a^t-a^{\sin t}}{t^3}$$
$$=\lim_{t\to 0}\frac{a^t(1-a^{\sin t-t})}{t^3}\xlongequal{\frac{0}{0}}\ln a\lim_{t\to 0}\frac{t-\sin t}{t^3}\cdot\ln a$$
$$\xlongequal{\frac{0}{0}}\ln a\lim_{t\to 0}\frac{1-\cos t}{3t^2}=\ln a\lim_{t\to 0}\frac{\sin t}{6t}=\frac{\ln a}{6}.$$

故应填 $\dfrac{\ln a}{6}$.

10. $(0,+\infty)$

点拨：此题考查函数增减区间的判断.

解：$f(x)=e^{x\ln\left(1+\frac{1}{x}\right)}$，

$$f'(x)=\left(1+\frac{1}{x}\right)^x\left[\ln\left(1+\frac{1}{x}\right)-\frac{1}{1+x}\right],$$

由于 $\ln\left(1+\dfrac{1}{x}\right)=\ln(1+x)-\ln x$，考虑 $y=\ln x$ 在 $[x,1+x]$ 上满足拉格朗日定理，即存在 $x<\xi<x+1$，得

$$\ln\left(1+\frac{1}{x}\right)=\ln(1+x)-\ln x=(\ln x)'\bigg|_{x=\xi}$$
$$=\frac{1}{\xi}>\frac{1}{1+x}.$$

由 $\left(1+\dfrac{1}{x}\right)^x>0$，所以 $f(x)$ 在 $(0,+\infty)$ 上单增.

故应填 $(0,+\infty)$.

11. $\dfrac{\pi}{6}+\sqrt{3}$

点拨：此题考查函数最值的判断.

解：$y'=1-2\sin x=0\Rightarrow \sin x=\dfrac{1}{2}$，

故 $y'(x)=0$ 在 $\left[0,\dfrac{\pi}{2}\right]$ 上有唯一解 $x=\dfrac{\pi}{6}$，而

$y(0)=2$，$y\left(\dfrac{\pi}{6}\right)=\dfrac{\pi}{6}+\sqrt{3}$，$y\left(\dfrac{\pi}{2}\right)=\dfrac{\pi}{2}$，

由于 $\dfrac{\pi}{6}+\sqrt{3}>2>\dfrac{\pi}{2}$，故最大值为 $\dfrac{\pi}{6}+\sqrt{3}$.

故应填 $\dfrac{\pi}{6}+\sqrt{3}$.

12. $(-1,\ln 2)$ 和 $(1,\ln 2)$

点拨：本题使用拐点的必要条件，求二阶导数为零的点，再考查二阶导数在该点左右两侧的符号. 但要注意的是，一般函数的拐点应是二阶导数不存在的点. 对本题来讲，因其二阶导数均存在，故只需求二阶导数为零的点.

解：$y'=\dfrac{2x}{x^2+1}$，

$$y''=\frac{(x^2+1)\cdot 2-2x\cdot 2x}{(x^2+1)^2}=\frac{2(1-x^2)}{(x^2+1)^2}.$$

令 $y''=0$，得 $1-x^2=0$，解得 $x=\pm 1$. 函数无二阶导数不存在的点.

点 $x=1$ 和 $x=-1$ 把 $(-\infty,+\infty)$ 分成三部分，在 $(-\infty,-1)$ 和 $(1,+\infty)$ 上 $y''<0$，曲线是凸的；在 $(-1,1)$ 上 $y''>0$，曲线是凹的. 当 $x=\pm 1$ 时，$y=\ln 2$. 故 $(-1,\ln 2)$ 是曲线的

17

拐点.

三、解答题

13. **点拨**：此题考查罗尔中值定理的应用.

证明：因为 $F(x)=(x-1)^2 f(x)$,

故 $F'(x)=2(x-1)f(x)+f'(x)(x-1)^2$,

又因为 $F(1)=0, F(2)=0$,

即在 $(1,2)$ 上至少存在 η, 满足 $F'(\eta)=0$.

又 $F'(1)=0$,

故在 $(1,\eta)$ 上至少存在 ξ, 满足 $F''(\xi)=0$,

又 $(1,\eta) \subset (1,2)$,

即在 $(1,2)$ 上至少存在一点 ξ, 满足 $F''(\xi)=0$.

14. **点拨**：此题考查介值定理和拉格朗日中值定理的应用.

证明：(Ⅰ) 令 $g(x)=f(x)+x-1$, 则 $g(x)$ 在 $[0,1]$ 上连续，且 $g(0)=-1<0, g(1)=1>0$, 所以存在 $\xi \in (0,1)$, 使得 $g(\xi)=f(\xi)+\xi-1=0$, 即 $f(\xi)=1-\xi$.

(Ⅱ) 根据拉格朗日中值定理，存在 $\eta \in (0,\xi)$, $\zeta \in (\xi,1)$, 使得

$$f'(\eta)=\frac{f(\xi)-f(0)}{\xi}=\frac{1-\xi}{\xi},$$

$$f'(\zeta)=\frac{f(1)-f(\xi)}{1-\xi}=\frac{1-(1-\xi)}{1-\xi}=\frac{\xi}{1-\xi},$$

从而 $f'(\eta)f'(\zeta)=\frac{1-\xi}{\xi} \cdot \frac{\xi}{1-\xi}=1$.

15. **点拨**：此题考查柯西中值定理的应用.

要证关系式可改写为

$$\frac{\frac{e^{x_2}}{x_2}-\frac{e^{x_1}}{x_1}}{\frac{1}{x_2}-\frac{1}{x_1}}=(1-\xi)e^{\xi},$$

因此对 $f(x)=\frac{e^x}{x}, g(x)=\frac{1}{x}$ 在 $[x_1,x_2]$（不妨设 $x_2>x_1$）上应用柯西定理即可.

证明：假设 $x_2>x_1$（$x_1>x_2$ 时同理），令 $f(x)=\frac{e^x}{x}, g(x)=\frac{1}{x}$, 则 $f(x), g(x)$ 在 $[x_1,x_2]$ 上连续，在 (x_1,x_2) 内可导，且 $g'(x) \neq 0$, 由柯西中值定理知，存在 $\xi \in (x_1,x_2)$, 使得

$$\frac{f(x_2)-f(x_1)}{g(x_2)-g(x_1)}=\frac{f'(\xi)}{g'(\xi)},$$

即 $\dfrac{\frac{e^{x_2}}{x_2}-\frac{e^{x_1}}{x_1}}{\frac{1}{x_2}-\frac{1}{x_1}}=(1-\xi)e^{\xi}$, 所以

$$x_1 e^{x_2}-x_2 e^{x_1}=(1-\xi)e^{\xi}(x_1-x_2).$$

16. $a=-2$

点拨：此题考查洛必达法则求极限.

解：若 $f(x)$ 在 $(-\infty,+\infty)$ 上连续，则 $f(x)$ 必在 $x=0$ 处连续，即 $\lim\limits_{x \to 0} f(x)=f(0)=a$, 而

$$\lim_{x \to 0} f(x)=\lim_{x \to 0} \frac{\sin 2x+e^{2ax}-1}{x}$$

$$\xlongequal{\frac{0}{0}} \lim_{x \to 0} \frac{2\cos 2x+2a e^{2ax}}{1}=2+2a,$$

所以 $2+2a=a$, 则 $a=-2$.

17. **点拨**：此题考查利用函数单调性证明不等式.

证明：令 $\varphi(x)=(x^2-1)\ln x-(x-1)^2$, 易知 $\varphi(1)=0$, 由于

$\varphi'(x)=2x\ln x-x+2-\dfrac{1}{x}, \varphi'(1)=0$,

$\varphi''(x)=2\ln x+1+\dfrac{1}{x^2}, \varphi''(1)=2>0$,

$\varphi'''(x)=\dfrac{2(x^2-1)}{x^3}$,

故当 $0<x<1$ 时，$\varphi'''(x)<0$, $\varphi''(x)$ 单调减少；

当 $1<x<+\infty$ 时，$\varphi'''(x)>0$, $\varphi''(x)$ 单调增加，

即 $x \in (0,+\infty)$ 时，$\varphi''(x) \geqslant \varphi''(1)>0$,

所以 $\varphi'(x)$ 单调增加，又 $\varphi'(1)=0$,

故当 $0<x<1$ 时，$\varphi'(x)<\varphi'(1)=0$,

当 $1<x<+\infty$ 时，$\varphi'(x)>\varphi'(1)=0$,

则当 $x>0$ 时，$\varphi(x) \geqslant \varphi(1)=0$,

即 $x>0$ 时，$(x^2-1)\ln x \geqslant (x-1)^2$.

18. $a=1$ 时，极小值为 -4

点拨：此题考查极值点的判断和极值的求取.

解：因为二次方程有实根，

故 $\Delta=(10-2a)^2-4(2a^2-4a-2)$
$=4(-a^2-6a+27) \geqslant 0$.

解得 $-9 \leqslant a \leqslant 3$,

又方程两根之积 $y=2a^2-4a-2 (a \in [-9,3])$,

由 $y'=4a-4, y''=4>0$ 得 y 有唯一驻点 $a=1$,

且为极小值点，极小值为 $y(1)=-4$.

故当 $a=1$ 时，它是两根之积的极小值点，极小值

为-4.

19. 最大值为-29,最小值为-61

点拨:求函数在给定区间上最值时,可先求出所有极值,再与边界点的值进行比较,从而找到最值.

解:由 $f(x)=2x^3-6x^2-18x-7$,可知 $f'(x)=6x^2-12x-18$,令 $f'(x)=0$,可得两个极值点 $x_1=3,x_2=-1$(舍去).

当 $x=3$ 时,$f(3)=-61$;
当 $x=1$ 时,$f(1)=-29$;
当 $x=4$ 时,$f(4)=-47$.

比较 $f(3),f(1)$ 和 $f(4)$ 可得:当 $x=3$ 时,$f(x)$ 取得最小值-61;当 $x=1$ 时,$f(x)$ 取得最大值-29.所以 $f(x)$ 在 $[1,4]$ 上的最大值为-29,最小值为-61.

20. $a=2,b=-1$

点拨:此题考查泰勒公式的应用.

解:因为 $f(x)$ 在 $x=0$ 的某邻域内具有一阶连续导数,所以由带佩亚诺余项的麦克劳林公式得
$f(x)=f(0)+f'(0)x+o(x)$,
所以 $f(h)=f(0)+f'(0)h+o(h)$,
$f(2h)=f(0)+2f'(0)h+o(h)$,
由此,$af(h)+bf(2h)-f(0)=$
$(a+b-1)f(0)+(a+2b)f'(0)h+o(h)$,
因此,要使 $af(h)+bf(2h)-f(0)$ 为 h 的高阶无穷小量,必须有
$\begin{cases} a+b-1=0, \\ a+2b=0, \end{cases}$ 即 $\begin{cases} a=2, \\ b=-1. \end{cases}$

(B)卷参考答案及点拨

一、选择题

1. (A)

点拨:此题考查拉格朗日中值定理.

解:当 $\Delta x>0$ 时,$\Delta y=f(x_0+\Delta x)-f(x_0)=f'(\xi)\Delta x$,其中 $x_0<\xi<x_0+\Delta x$,
所以 $0<\mathrm{d}y=f'(x_0)\Delta x<f'(\xi)\Delta x=\Delta y$.
故应选(A).

2. (C)

点拨:用拉格朗日中值定理可直接证明选项(C)正确.事实上,由 $f'(x)$ 在 $(0,1)$ 内有界,可知存在正数 M,使得当 $x\in(0,1)$ 时 $|f'(x)|\leqslant M$ 成立.
由题设,对任意 $x\in(0,1)$,有位于 x 与 $\frac{1}{2}$ 之间的 ξ,使得 $f(x)-f\left(\frac{1}{2}\right)=f'(\xi)\left(x-\frac{1}{2}\right)$,
即 $f(x)=f\left(\frac{1}{2}\right)+f'(\xi)\left(x-\frac{1}{2}\right)$.
故 $|f(x)|\leqslant\left|f\left(\frac{1}{2}\right)\right|+|f'(\xi)|\cdot\left|x-\frac{1}{2}\right|\leqslant\left|f\left(\frac{1}{2}\right)\right|+\frac{1}{2}M, x\in(0,1)$,
这表明函数 $f(x)$ 在 $(0,1)$ 内有界.

解:通过举反例用排除法找到正确答案即可.设 $f(x)=\frac{1}{x}$,则 $f(x)$ 及 $f'(x)=-\frac{1}{x^2}$ 均在 $(0,1)$ 内连续,但 $f(x)$ 在 $(0,1)$ 内无界,排除(A)、(B);又 $f(x)=\sqrt{x}$ 在 $(0,1)$ 内有界,但 $f'(x)=\frac{1}{2\sqrt{x}}$ 在 $(0,1)$ 内无界,排除(D).故应选(C).

3. (C)

点拨:此题考查函数的奇偶性、增减区间及凹凸性.

解:由 $f(-x)=f(x)$,知 $f(x)$ 在 $(-\infty,+\infty)$ 内为偶函数,图像关于 y 轴对称,在 $(-\infty,0)$ 内,$f'(x)>0, f''(x)<0$,为单调递增凸函数,故 $f(x)$ 在 $(0,+\infty)$ 内为单调递减凸函数.故应选(C).

4. (B)

点拨:本题考查极值的判别.把 x_0 代入已知微分方程可求得 $f''(x_0)$,再用极值第二充分条件判定.判定极值的第二充分条件是:设函数 $f(x)$ 在点 x_0 处具有二阶导数,且 $f'(x_0)=0, f''(x_0)\neq 0$,则当 $f''(x_0)<0$ 时,函数 $f(x)$ 在 x_0 处取得极大

值;当 $f''(x_0)>0$ 时,函数 $f(x)$ 在 x_0 处取得极小值.

解:由方程 $xf''(x)+3x[f'(x)]^2=1-\mathrm{e}^{-x}$,因为 $x_0\neq 0, f'(x_0)=0$,

则 $f''(x_0)=\dfrac{1-\mathrm{e}^{-x_0}}{x_0}-3[f'(x_0)]^2$

$=\dfrac{1-\mathrm{e}^{-x_0}}{x_0}>0$,

所以 $f(x)$ 在 x_0 取得极小值,故应选(B).

5. (C)

点拨:此题考查极值点的判断.

解:由 $f'(x_0)=0$,知点 $x=x_0$ 为驻点.

又 $y''|_{x=x_0}=(-y'+\mathrm{e}^{\sin x})|_{x=x_0}=\mathrm{e}^{\sin x_0}>0$. 因此 $f(x)$ 在 x_0 处取得极小值. 故应选(C).

6. (B)

点拨:此题考查渐近线的求法.

解:因为 $\lim\limits_{x\to\infty}\mathrm{e}^{\frac{1}{x^2}}\arctan\dfrac{x^2+x+1}{(x-1)(x+2)}=\dfrac{\pi}{4}$,所以 $y=\dfrac{\pi}{4}$ 为曲线的水平渐近线.

又 $x=0, x=1, x=-2$ 是间断点,而只有

$\lim\limits_{x\to 0}\mathrm{e}^{\frac{1}{x^2}}\arctan\dfrac{x^2+x+1}{(x-1)(x+2)}=\infty$,

所以 $x=0$ 为曲线的垂直渐近线.

因为 $\lim\limits_{x\to\infty}\dfrac{y}{x}=0$,所以曲线没有斜渐近线.

故应选(B).

二、填空题

7. e^{-1}

点拨:此题考查利用洛必达法则求极限.

解:令 $y=(\cot x)^{\frac{1}{\ln x}}$,两边取对数,得

$$\ln y=\dfrac{\ln\cot x}{\ln x},$$

$\lim\limits_{x\to 0^+}\ln y$ 是 $\dfrac{\infty}{\infty}$ 型未定式. 用洛必达法则,

$\lim\limits_{x\to 0^+}\ln y=\lim\limits_{x\to 0^+}\dfrac{\ln\cot x}{\ln x}=\lim\limits_{x\to 0^+}\dfrac{\frac{1}{\cot x}\cdot(-\csc^2 x)}{\frac{1}{x}}$

$=\lim\limits_{x\to 0^+}\dfrac{-x}{\sin x\cos x}=-1$.

所以 $\lim\limits_{x\to 0^+}y=\lim\limits_{x\to 0^+}(\cot x)^{\frac{1}{\ln x}}=\mathrm{e}^{-1}$.

故应填 e^{-1}.

8. $(-\infty,1)$

点拨:此题考查凸函数的判定.

解:$\dfrac{\mathrm{d}y}{\mathrm{d}x}=\dfrac{\frac{\mathrm{d}y}{\mathrm{d}t}}{\frac{\mathrm{d}x}{\mathrm{d}t}}=\dfrac{3t^2-3}{3t^2+3}=\dfrac{t^2-1}{t^2+1}$,

$\dfrac{\mathrm{d}^2 y}{\mathrm{d}x^2}=\dfrac{\mathrm{d}}{\mathrm{d}x}\left(\dfrac{\mathrm{d}y}{\mathrm{d}x}\right)=\dfrac{\frac{\mathrm{d}}{\mathrm{d}t}\left(\frac{t^2-1}{t^2+1}\right)}{\frac{\mathrm{d}x}{\mathrm{d}t}}=\dfrac{\frac{4t}{(t^2+1)^2}}{3(t^2+1)}$

$=\dfrac{4t}{3(t^2+1)^3}$,

令 $\dfrac{\mathrm{d}^2 y}{\mathrm{d}x^2}<0$,得 $t<0$,从而 $x<1$.

故 $y=y(x)$ 为凸函数的 x 取值范围为 $(-\infty,1)$.

9. $y=x+\dfrac{1}{\mathrm{e}}$

点拨:此题考查渐近线的求法.

解:$\lim\limits_{x\to-\infty}y=0, \lim\limits_{x\to+\infty}y=+\infty$,所以无垂直渐近线和水平渐近线.

设 $y=ax+b$ 为曲线的斜渐近线,则

$a=\lim\limits_{x\to+\infty}\dfrac{f(x)}{x}=\lim\limits_{x\to+\infty}\ln\left(\mathrm{e}+\dfrac{1}{x}\right)=1$,

$b=\lim\limits_{x\to+\infty}[f(x)-ax]$

$=\lim\limits_{x\to+\infty}\left[x\ln\left(\mathrm{e}+\dfrac{1}{x}\right)-x\right]$

$\xlongequal{\text{令}t=\frac{1}{x}}\lim\limits_{t\to 0^+}\dfrac{\ln(\mathrm{e}+t)-1}{t}=\dfrac{1}{\mathrm{e}}$.

所以斜渐近线方程为 $y=x+\dfrac{1}{\mathrm{e}}$.

故应填 $y=x+\dfrac{1}{\mathrm{e}}$.

10. $(0,2)$

点拨:此题考查拐点的求法.

解:$y'=5x^4-4, y''=20x^3$,令 $y''=0$,则 $x=0$,且在 $x=0$ 左右两侧 y'' 改变符号,即此处存在拐点,所以拐点为 $(0,2)$. 故应填 $(0,2)$.

11. $f(x)=1-2x+2x^2-\cdots+(-1)^n 2x^n+$

$(-1)^{n+1}\dfrac{2x^{n+1}}{(1+\theta x)^{n+2}}(0<\theta<1)$

点拨:此题考查函数的泰勒展开式.

解：$f(x)=\dfrac{2}{1+x}-1$,

$f^{(k)}(x)=\dfrac{2\cdot(-1)^k\cdot k!}{(1+x)^{k+1}}(k=1,2,\cdots,n+1)$,

所以 $f(x)=1-2x+2x^2-\cdots+(-1)^n2x^n+$
$(-1)^{n+1}\dfrac{2x^{n+1}}{(1+\theta x)^{n+2}}(0<\theta<1)$.

12. $(0,0)$

点拨：此题考查曲率的求法.

解：$y'=-\dfrac{2ax}{a^2-x^2}$,

$y''=-\dfrac{2a(a^2+x^2)}{(a^2-x^2)^2}(|x|<a)$,

$K=\dfrac{|y''|}{(1+y'^2)^{3/2}}=\dfrac{2a(a^2-x^2)}{(a^2+x^2)^2}$,

$\rho=\dfrac{1}{K}=\dfrac{(a^2+x^2)^2}{2a(a^2-x^2)},|x|<a$,

$\dfrac{d\rho}{dx}=\dfrac{x(a^2+x^2)(3a^2-x^2)}{a(a^2-x^2)^2}$.

当 $-a<x<0$ 时，$\dfrac{d\rho}{dx}<0$,

当 $0<x<a$ 时，$\dfrac{d\rho}{dx}>0$,

故当 $x=0,y=0$ 时，ρ 最小. 故所求点为 $(0,0)$.

三、解答题

13. 点拨：要证结论中不含未知函数的导数，可考虑用介值（零点）定理. 例如本题（Ⅰ）中设辅助函数 $\Phi(x)=f(x)-x$, 然后利用零点定理.

要证结论中含有未知函数的导数值，则可考虑用罗尔中值定理或其他中值定理，通过构造辅助函数证得结论.

证明：（Ⅰ）令 $\Phi(x)=f(x)-x$, 则 $\Phi(x)$ 在 $[0,1]$ 上连续. 又 $\Phi(1)=-1<0,\Phi\left(\dfrac{1}{2}\right)=\dfrac{1}{2}>0$, 故由闭区间上连续函数的零点定理知：存在 $\eta\in\left(\dfrac{1}{2},1\right)$, 使得 $\Phi(\eta)=f(\eta)-\eta=0$, 即 $f(\eta)=\eta$.

（Ⅱ）设 $F(x)=e^{-\lambda x}\Phi(x)=e^{-\lambda x}[f(x)-x]$, 则 $F(x)$ 在 $[0,\eta]$ 上连续，在 $(0,\eta)$ 内可导，且 $F(0)=0,F(\eta)=e^{-\lambda\eta}\Phi(\eta)=0$, 即 $F(x)$ 在 $[0,\eta]$ 上满足罗尔定理的条件，故存在 $\xi\in(0,\eta)$, 使得 $F'(\xi)=0$, 即 $e^{-\lambda\xi}\{f'(\xi)-\lambda[f(\xi)-\xi]-1\}=0$,

从而 $f'(\xi)-\lambda[f(\xi)-\xi]=1$.

14. $f'(x)=\begin{cases}\dfrac{xg'(x)-g(x)}{x^2}, & x\neq0,\\ \dfrac{g''(0)}{2}, & x=0,\end{cases}$

$f'(x)$ 在 $x\in(-\infty,+\infty)$ 上连续.

点拨：此题考查导函数的求法及连续性的判断.

解：当 $x\neq0$ 时，$f'(x)=\dfrac{xg'(x)-g(x)}{x^2}$;

当 $x=0$ 时，

$f'(0)=\lim\limits_{x\to0}\dfrac{f(x)-f(0)}{x}$

$=\lim\limits_{x\to0}\dfrac{g(x)}{x^2}=\lim\limits_{x\to0}\dfrac{g'(x)}{2x}$

$=\dfrac{1}{2}\lim\limits_{x\to0}\dfrac{g'(x)-g'(0)}{x-0}=\dfrac{g''(0)}{2}$,

故 $f'(x)=\begin{cases}\dfrac{xg'(x)-g(x)}{x^2}, & x\neq0,\\ \dfrac{g''(0)}{2}, & x=0.\end{cases}$

因为 $\lim\limits_{x\to0}\dfrac{xg'(x)-g(x)}{x^2}$

$=\lim\limits_{x\to0}\dfrac{g'(x)}{x}-\lim\limits_{x\to0}\dfrac{g(x)}{x^2}$

$=\lim\limits_{x\to0}\dfrac{g'(x)}{x}-\lim\limits_{x\to0}\dfrac{g'(x)}{2x}=\lim\limits_{x\to0}\dfrac{g'(x)}{2x}$

$=\dfrac{1}{2}\lim\limits_{x\to0}\dfrac{g'(x)-g'(0)}{x}=\dfrac{g''(0)}{2}=f'(0)$,

故 $f'(x)$ 在 $x=0$ 连续.

故 $f'(x)$ 在 $x\in(-\infty,+\infty)$ 上连续.

15. $a_1a_2\cdots a_n$

点拨：此题考查洛必达法则求极限.

解：设 $y=\left(\dfrac{a_1^{\frac{1}{x}}+a_2^{\frac{1}{x}}+\cdots+a_n^{\frac{1}{x}}}{n}\right)^{nx}$,

则 $\ln y=nx[\ln(a_1^{\frac{1}{x}}+a_2^{\frac{1}{x}}+\cdots+a_n^{\frac{1}{x}})-\ln n]$,

$\lim\limits_{x\to\infty}\ln y=\lim\limits_{x\to\infty}\{nx[\ln(a_1^{\frac{1}{x}}+a_2^{\frac{1}{x}}+\cdots+a_n^{\frac{1}{x}})-\ln n]\}$

$=n\lim\limits_{x\to\infty}\dfrac{\ln(a_1^{\frac{1}{x}}+a_2^{\frac{1}{x}}+\cdots+a_n^{\frac{1}{x}})-\ln n}{\dfrac{1}{x}}$

$=n\lim\limits_{x\to\infty}\dfrac{\dfrac{1}{a_1^{\frac{1}{x}}+a_2^{\frac{1}{x}}+\cdots+a_n^{\frac{1}{x}}}}{-\dfrac{1}{x^2}}\cdot$

$$\left[a_1^{\frac{1}{x}}\left(-\frac{1}{x^2}\right)\ln a_1+\cdots+a_n^{\frac{1}{x}}\left(-\frac{1}{x^2}\right)\ln a_n\right]$$

$$=n\lim_{x\to\infty}\frac{a_1^{\frac{1}{x}}\ln a_1+\cdots+a_n^{\frac{1}{x}}\ln a_n}{a_1^{\frac{1}{x}}+a_2^{\frac{1}{x}}+\cdots+a_n^{\frac{1}{x}}}$$

$$=n\cdot\frac{\ln a_1+\cdots+\ln a_n}{n}=\ln(a_1a_2\cdots a_n),$$

所以 $\lim_{x\to\infty}y=e^{\ln(a_1a_2\cdots a_n)}=a_1a_2\cdots a_n.$

16. 点拨：此题考查拉格朗日中值定理.

证明：$F'(x)=\dfrac{f'(x)(x-a)-[f(x)-f(a)]}{(x-a)^2}$

$$=\frac{1}{x-a}\left[f'(x)-\frac{f(x)-f(a)}{x-a}\right].$$

由拉格朗日中值定理知：存在 $\xi\in(a,x)$，使得 $\dfrac{f(x)-f(a)}{x-a}=f'(\xi)$，由于 $f''(x)>0$，故 $f'(x)$ 在 $(a,+\infty)$ 上单增，故对于任意 $x>a$ 和 $a<\xi<x$ 有 $f'(x)>f'(\xi)$，从而 $F'(x)>0$，于是 $F(x)$ 在 $(a,+\infty)$ 上单调增加.

17. 点拨：当 $f'(x)$ 在区间 $[a,b]$ 上的符号不易判定时，如有条件 $f'(a)=0$，还可用 $f''(x)$ 来判定 $f'(x)$ 的符号，从而判定 $f(x)$ 的符号，这种多次使用单调性证题的方法可归纳为：若函数 $f(x)$ 存在 n 阶导数，且 $f(a)=f'(a)=\cdots=f^{(n-1)}(a)=0$，如果当 $x>a$ 时有 $f^{(n)}(x)>0$（或 <0），则当 $x>a$ 时，$f(x)>0$（或 <0）.

证明：证法一：设 $\varphi(x)=\ln^2 x-\dfrac{4}{e^2}x,$

则 $\varphi'(x)=2\dfrac{\ln x}{x}-\dfrac{4}{e^2}$，$\varphi''(x)=2\dfrac{1-\ln x}{x^2}$，所以当 $x>e$ 时，$\varphi''(x)<0$，故 $\varphi'(x)$ 单调减少，从而当 $e<x<e^2$ 时，

$\varphi'(x)>\varphi'(e^2)=\dfrac{4}{e^2}-\dfrac{4}{e^2}=0,$

即当 $e<x<e^2$ 时，$\varphi(x)$ 单调增加.

因此当 $e<a<b<e^2$ 时，$\varphi(b)>\varphi(a)$，

即 $\ln^2 b-\dfrac{4}{e^2}b>\ln^2 a-\dfrac{4}{e^2}a,$

故 $\ln^2 b-\ln^2 a>\dfrac{4}{e^2}(b-a).$

证法二：对函数 $\ln^2 x$ 在 $[a,b]$ 上应用拉格朗日中值定理，得

$\ln^2 b-\ln^2 a=\dfrac{2\ln\xi}{\xi}(b-a),a<\xi<b.$

设 $\varphi(t)=\dfrac{\ln t}{t}$，则 $\varphi'(t)=\dfrac{1-\ln t}{t^2},$

当 $t>e$ 时，$\varphi'(t)<0$，所以 $\varphi(t)$ 单调减少，从而 $\varphi(\xi)>\varphi(e^2)$，即 $\dfrac{\ln\xi}{\xi}>\dfrac{\ln e^2}{e^2}=\dfrac{2}{e^2},$

故 $\ln^2 b-\ln^2 a>\dfrac{4}{e^2}(b-a).$

18. $f(x)=x^3-6x^2+9x+2$，$f(x)$ 的极大值为 $f(1)=6$，$f(x)$ 的极小值为 $f(3)=2$

点拨：此题考查极值点和拐点的性质.

解：由题意知 $f'(x)=3x^2+2ax+b$，则 $f(x)=x^3+ax^2+bx+c.$

因为 $f'(1)=0$，故 $3+2a+b=0.$ ①

又因为点 $(2,4)$ 在曲线 $f(x)$ 上，

所以有 $8+4a+2b+c=4.$ ②

且 $(2,4)$ 为曲线 $y=f(x)$ 的拐点，则有 $f''(2)=0$，又 $f''(x)=6x+2a$，即 $12+2a=0.$ ③

联立①、②、③式，解得 $\begin{cases}a=-6,\\b=9,\\c=2,\end{cases}$

代入得 $f(x)=x^3-6x^2+9x+2,$

$f'(x)=3x^2-12x+9,$

令 $f'(x)=0$，得 $x=1$ 或 $x=3.$

经比较知 $f(x)$ 的极大值为 $f(1)=6,$

$f(x)$ 的极小值为 $f(3)=2.$

19. $\varphi(e^e)=1-\dfrac{1}{e}$ 为极小值，从而是最小值

点拨：根据函数 $f(t)$ 在 $(-\infty,+\infty)$ 内有驻点 $\varphi(a)$，可知 $f'(a)=0$，由此求出 $\varphi(a)$ 的表达式，这是解答本题的关键. 在求出驻点 $a=e^e$ 后，应进行判断，验证其确实取得最小值.

解：$f'(t)=a^t\ln a-a=0$，得唯一驻点

$$\varphi(a)=1-\frac{\ln\ln a}{\ln a}.$$

考查函数 $\varphi(a)=1-\dfrac{\ln\ln a}{\ln a}$ 在 $a>1$ 时的最小值.

令 $\varphi'(a)=-\dfrac{\frac{1}{a}\cdot\frac{1}{\ln a}\ln a-\ln\ln a\cdot\frac{1}{a}}{(\ln a)^2}=-\dfrac{1-\ln\ln a}{a(\ln a)^2}=0,$

得 $\varphi(a)$ 的唯一驻点 $a=\mathrm{e}^{\mathrm{e}}$.

当 $a>\mathrm{e}^{\mathrm{e}}$ 时, $\varphi'(a)>0$;

当 $a<\mathrm{e}^{\mathrm{e}}$ 时, $\varphi'(a)<0$,

因此 $\varphi(\mathrm{e}^{\mathrm{e}})=1-\dfrac{1}{\mathrm{e}}$ 为 $\varphi(a)$ 的极小值, 从而是最小值.

20. **点拨**: 此题考查泰勒公式的应用.

证明: 设 $f(x)$ 在 $x=a\in(0,1)$ 处取得最小值, 则 $f(a)=-1, f'(a)=0$.

利用泰勒公式

$$f(x)=f(a)+f'(a)(x-a)+\dfrac{f''(\xi)}{2!}(x-a)^2$$

$$=-1+\dfrac{f''(\xi)}{2}(x-a)^2,$$

分别令 $x=0, x=1$ 得

$0=-1+\dfrac{f''(\xi_1)}{2}a^2, \quad 0<\xi_1<a$ ①

$0=-1+\dfrac{f''(\xi_2)}{2}(1-a)^2, \quad a<\xi_2<1$ ②

若 $0<a<\dfrac{1}{2}$, 取 $\xi=\xi_1$, 得 $f''(\xi)>8$;

若 $\dfrac{1}{2}\leqslant a<1$, 取 $\xi=\xi_2$, 得 $f''(\xi)\geqslant 8$.

综上, 至少存在一点 $\xi\in(0,1)$, 使得 $f''(\xi)\geqslant 8$.

第四章 不定积分

(A)卷参考答案及点拨

一、选择题

1. (D)

点拨: 一个函数的任意两个原函数之间相差一个常数, 这是原函数的一个重要性质, 由原函数的定义即可证明.

解: 设 $G(x)=F_1(x)-F_2(x)$, 则

$G'(x)=(F_1(x)-F_2(x))'=F'_1(x)-F'_2(x)$
$=f(x)-f(x)=0,$

从而 $G(x)=C$, 即 $F_1(x)-F_2(x)=C$.

故应选(D).

2. (C)

点拨: 此题考查原函数、不定积分、微分的运算/求解.

解: 不定积分允许相差任意常数, 而(A)、(B)漏掉了常数 C. (D)的微分式中漏掉了 $\mathrm{d}x$, 也不对. 故应选(C).

3. (C)

点拨: 此题考查原函数的求解.

解: 取 $x^2=\dfrac{1}{t}$, 则 $f'(t)=\dfrac{1}{\sqrt{t}}$,

可得 $f'(x)=\dfrac{1}{\sqrt{x}}$, 从而有 $f(x)=2\sqrt{x}+C$.

故应选(C).

4. (B)

点拨: 此题考查凑微分法求原函数.

解: $\displaystyle\int \mathrm{e}^{-x}f(\mathrm{e}^{-x})\mathrm{d}x=-\int f(\mathrm{e}^{-x})\mathrm{d}\mathrm{e}^{-x}$.

由 $\displaystyle\int f(x)\mathrm{d}x=F(x)+C$,

则有 $-\displaystyle\int f(\mathrm{e}^{-x})\mathrm{d}\mathrm{e}^{-x}=-F(\mathrm{e}^{-x})+C$.

5. (B)

点拨: 此题考查原函数的概念.

解: 由题设条件知 $(-\mathrm{e}^{-\frac{1}{x}}+C)'=f(x)\mathrm{e}^{-\frac{1}{x}}$,

即 $-\dfrac{1}{x^2}\mathrm{e}^{-\frac{1}{x}}=f(x)\cdot \mathrm{e}^{-\frac{1}{x}}$,

故 $f(x)=-\dfrac{1}{x^2}$. 故应选(B).

6. (D)

点拨: 此题考查不定积分的求解.

解: $\displaystyle\int \dfrac{x+\sin x}{1+\cos x}\mathrm{d}x=\int \dfrac{x}{2}\sec^2\dfrac{x}{2}\mathrm{d}x+\int \tan\dfrac{x}{2}\mathrm{d}x$

$=\displaystyle\int x\mathrm{d}\left(\tan\dfrac{x}{2}\right)+\int \tan\dfrac{x}{2}\mathrm{d}x$

$=x\tan\dfrac{x}{2}+C.$

故应选(D).

二、填空题

7. $\frac{1}{2}(\ln x)^2$

点拨：此题考查原函数的求法．

解：令 $e^x = t$，则 $x = \ln t$，于是有

$$f'(t) = \frac{\ln t}{t}, \quad 即\ f'(x) = \frac{\ln x}{x}.$$

积分得 $f(x) = \int \frac{\ln x}{x} dx = \frac{1}{2}(\ln x)^2 + C.$

利用初始条件 $f(1) = 0$，得 $C = 0$．

故应填 $\frac{1}{2}(\ln x)^2$．

8. $-\frac{1}{2\sqrt{3}} \arctan \frac{\sqrt{3}\cot x}{2} + C$

点拨：此题考查换元法求不定积分．

解：$\int \frac{dx}{3 + \sin^2 x}$

$$= -\int \frac{d(\cot x)}{3\csc^2 x + 1} \xlongequal{u = \cot x} -\int \frac{du}{3u^2 + 4}$$

$$= -\frac{1}{2\sqrt{3}} \arctan \frac{\sqrt{3}u}{2} + C$$

$$= -\frac{1}{2\sqrt{3}} \arctan \frac{\sqrt{3}\cot x}{2} + C.$$

故应填 $-\frac{1}{2\sqrt{3}} \arctan \frac{\sqrt{3}\cot x}{2} + C$．

9. $\frac{1}{x} + C$

点拨：此题考查凑微分法求不定积分．

解：$\int \frac{f'(\ln x)}{x} dx = \int f'(\ln x) d(\ln x)$

$$= \int df(\ln x) = e^{-\ln x} + C = \frac{1}{x} + C.$$

10. $-\frac{\sqrt{1-x^2}}{x} \arcsin x + \ln |x| + \frac{1}{2}(\arcsin x)^2 + C$

点拨：当被积函数含有三角函数时，可用倍角公式、半角公式等将被积函数进行恒等变形；也可用变量代换对被积函数进行化简，还可将换元积分法与分部积分法联合使用，因此解题方法较多，但不同方法积分的繁简程度各有不同，积分结果也不完全相同．

解：被积函数较复杂，但其中含有 $\sqrt{1-x^2}$ 可用三角代换 $x = \sin t$ 化简．

令 $x = \sin t$，则

原式 $= \int \frac{t(1 + \sin^2 t)}{\sin^2 t \cos t} \cos t\, dt = \int \frac{t}{\sin^2 t} dt + \int t\, dt$

$$= \int t \csc^2 t\, dt + \frac{1}{2} t^2$$

$$= -\int t\, d\cot t + \frac{1}{2} t^2$$

$$= -t \cot t + \int \cot t\, dt + \frac{1}{2} t^2$$

$$= -t \cot t + \ln|\sin t| + \frac{1}{2} t^2 + C$$

$$= -\frac{\sqrt{1-x^2}}{x} \arcsin x + \ln|x| + \frac{1}{2}(\arcsin x)^2 + C.$$

11. $-\cot x - \tan x + C$

点拨：此题考查三角函数的不定积分．

解：$\int \frac{\cos 2x}{\sin^2 x \cos^2 x} dx = \int \frac{\cos^2 x - \sin^2 x}{\sin^2 x \cos^2 x} dx$

$$= \int (\csc^2 x - \sec^2 x) dx$$

$$= -\cot x - \tan x + C.$$

故应填 $-\cot x - \tan x + C$．

12. $\frac{2}{9}(x^3 + 1)^{\frac{3}{2}} + C$

点拨：此题考查凑微分法求不定积分．

解：$\int x^2 \sqrt{x^3 + 1}\, dx = \frac{1}{3} \int \sqrt{x^3 + 1}\, dx^3$

$$= \frac{1}{3} \int \sqrt{x^3 + 1}\, d(x^3 + 1)$$

$$= \frac{1}{3} \left[\frac{2}{3}(x^3 + 1)^{\frac{3}{2}} + C \right]$$

$$= \frac{2}{9}(x^3 + 1)^{\frac{3}{2}} + C.$$

故应填 $\frac{2}{9}(x^3 + 1)^{\frac{3}{2}} + C$．

三、解答题

13. 不一定

点拨：此题考查原函数存在的条件．

解:如 $f(x)=\begin{cases}2x\cdot\cos\dfrac{1}{x}+\sin\dfrac{1}{x}, & x\neq 0,\\ 0, & x=0\end{cases}$ 存在间断点 $x=0$,但是在 $(-\infty,+\infty)$ 上 $f(x)$ 的原函数为 $F(x)=\begin{cases}x^2\cos\dfrac{1}{x}, & x\neq 0,\\ 0, & x=0.\end{cases}$

因此,函数连续是函数存在原函数的充分条件,但不是必要条件.

14. $-2\sqrt{1-x}\arcsin\sqrt{x}+2\sqrt{x}+C$

点拨:此题考查换元法及凑微分法求不定积分.

解:设 $t=\sin^2 x$,即 $f(x)=\dfrac{\arcsin\sqrt{x}}{\sqrt{x}}$,

故 $\int\dfrac{\sqrt{x}}{\sqrt{1-x}}f(x)\mathrm{d}x$

$=\int\dfrac{\sqrt{x}}{\sqrt{1-x}}\cdot\dfrac{\arcsin\sqrt{x}}{\sqrt{x}}\mathrm{d}x$

$=\int\dfrac{\arcsin\sqrt{x}}{\sqrt{1-x}}\mathrm{d}x=-\int 2\arcsin\sqrt{x}\,\mathrm{d}\sqrt{1-x}$

$=-2\sqrt{1-x}\cdot\arcsin\sqrt{x}+2\int\sqrt{1-x}\,\mathrm{d}(\arcsin\sqrt{x})$

$=-2\sqrt{1-x}\arcsin\sqrt{x}+2\sqrt{x}+C.$

15. $-\dfrac{1}{2}(\mathrm{e}^{-2x}\arctan\mathrm{e}^x+\mathrm{e}^{-x}+\arctan\mathrm{e}^x)+C$

点拨:此题考查凑微分法求不定积分.

解:$\int\dfrac{\arctan\mathrm{e}^x}{\mathrm{e}^{2x}}\mathrm{d}x$

$=-\dfrac{1}{2}\int\arctan\mathrm{e}^x\,\mathrm{d}(\mathrm{e}^{-2x})$

$=-\dfrac{1}{2}\left[\mathrm{e}^{-2x}\arctan\mathrm{e}^x-\int\dfrac{\mathrm{de}^x}{\mathrm{e}^{2x}(1+\mathrm{e}^{2x})}\right]$

$=-\dfrac{1}{2}(\mathrm{e}^{-2x}\arctan\mathrm{e}^x+\mathrm{e}^{-x}+\arctan\mathrm{e}^x)+C.$

16. $\dfrac{3x^2-1}{3x^3}-\arctan\dfrac{1}{x}+C$

点拨:此题考查有理函数的积分.

解:设 $x=\dfrac{1}{t}$,则

$\int\dfrac{\mathrm{d}x}{x^4(1+x^2)}=-\int\dfrac{t^4\,\mathrm{d}t}{t^2+1}$

$=-\int\dfrac{t^4-1}{t^2+1}\mathrm{d}t-\int\dfrac{1}{t^2+1}\mathrm{d}t$

$=-\int(t^2-1)\mathrm{d}t-\int\dfrac{\mathrm{d}t}{t^2+1}$

$=-\dfrac{t^3}{3}+t-\arctan t+C$

$=\dfrac{3x^2-1}{3x^3}-\arctan\dfrac{1}{x}+C.$

17. $6(\sqrt[6]{x}-\arctan\sqrt[6]{x})+C$

点拨:此题考查第二类换元法求不定积分.

解:去根号,设 $x=t^6, t>0$,则 $t=\sqrt[6]{x}$,而

$\int\dfrac{\mathrm{d}x}{\sqrt{x}(1+\sqrt[3]{x})}=\int\dfrac{\mathrm{d}t^6}{t^3(1+t^2)}=6\int\dfrac{t^2}{1+t^2}\mathrm{d}t$

$=6\int\dfrac{t^2+1-1}{1+t^2}\mathrm{d}t$

$=6\int\left(1-\dfrac{1}{1+t^2}\right)\mathrm{d}t$

$=6(t-\arctan t)+C$

$=6(\sqrt[6]{x}-\arctan\sqrt[6]{x})+C.$

18. $\sec x-\tan x+x+C$

点拨:此题考查三角函数的不定积分.

解:$\int\dfrac{\sin x}{1+\sin x}\mathrm{d}x$

$=\int\dfrac{\sin x(1-\sin x)}{\cos^2 x}\mathrm{d}x$

$=-\int\dfrac{1}{\cos^2 x}\mathrm{d}(\cos x)-\int(\sec^2 x-1)\mathrm{d}x$

$=\sec x-\tan x+x+C.$

19. $-\dfrac{1}{16}\cos 4x-\dfrac{1}{8}\cos 2x-\dfrac{1}{12}\sin^2 3x+C$

点拨:在求三角函数的积分时,可以考虑利用有关公式.

解:$\int\sin x\sin 2x\sin 3x\,\mathrm{d}x$

$=\int\dfrac{1}{2}(\cos x-\cos 3x)\sin 3x\,\mathrm{d}x$

$=\dfrac{1}{2}\int\cos x\sin 3x\,\mathrm{d}x-\dfrac{1}{2}\int\cos 3x\sin 3x\,\mathrm{d}x$

$=\dfrac{1}{4}\int(\sin 2x+\sin 4x)\mathrm{d}x-\dfrac{1}{12}\sin^2 3x$

$=-\dfrac{1}{16}\cos 4x-\dfrac{1}{8}\cos 2x-\dfrac{1}{12}\sin^2 3x+C.$

20. $x\ln\left(1+\sqrt{\dfrac{1+x}{x}}\right)+\dfrac{1}{2}\ln(\sqrt{1+x}+\sqrt{x})+\dfrac{1}{2}x-\dfrac{1}{2}\sqrt{x+x^2}+C(x>0)$

点拨：含有根式的不定积分，一般考虑换元法.

解：设 $\sqrt{\dfrac{1+x}{x}}=t$，则 $x=\dfrac{1}{t^2-1}$，

$\displaystyle\int \ln\left(1+\sqrt{\dfrac{1+x}{x}}\right)\mathrm{d}x$

$=\displaystyle\int \ln(1+t)\mathrm{d}\left(\dfrac{1}{t^2-1}\right)$

$=\dfrac{\ln(1+t)}{t^2-1}-\displaystyle\int\dfrac{1}{t^2-1}\cdot\dfrac{1}{t+1}\mathrm{d}t.$

而 $\displaystyle\int\dfrac{1}{(t^2-1)(t+1)}\mathrm{d}t$

$=\dfrac{1}{4}\displaystyle\int\left(\dfrac{1}{t-1}-\dfrac{1}{t+1}-\dfrac{2}{(t+1)^2}\right)\mathrm{d}t$

$=\dfrac{1}{4}\ln(t-1)-\dfrac{1}{4}\ln(t+1)+\dfrac{1}{2(t+1)}+C,$

所以 $\displaystyle\int \ln\left(1+\sqrt{\dfrac{1+x}{x}}\right)\mathrm{d}x$

$=\dfrac{\ln(1+t)}{t^2-1}+\dfrac{1}{4}\ln\dfrac{t+1}{t-1}-\dfrac{1}{2(t+1)}+C,$

$=x\ln\left(1+\sqrt{\dfrac{1+x}{x}}\right)+\dfrac{1}{2}\ln(\sqrt{1+x}+\sqrt{x})-$

$\dfrac{1}{2}\dfrac{\sqrt{x}}{\sqrt{1+x}+\sqrt{x}}+C$

$=x\ln\left(1+\sqrt{\dfrac{1+x}{x}}\right)+\dfrac{1}{2}\ln(\sqrt{1+x}+\sqrt{x})+$

$\dfrac{1}{2}x-\dfrac{1}{2}\sqrt{x+x^2}+C.$

(B)卷参考答案及点拨

一、选择题

1. (B)

点拨：此题考查函数的定义.

解：因为 $f'(x)=\sin x$，

所以 $f(x)=\displaystyle\int f'(x)\mathrm{d}x=\displaystyle\int\sin x\mathrm{d}x=-\cos x+C_1$，

则有

$\displaystyle\int f(x)\mathrm{d}x=\displaystyle\int(-\cos x+C_1)\mathrm{d}x$

$\qquad=-\sin x+C_1 x+C_2,$

显然 $1-\sin x$ 是 $f(x)$ 的一个原函数，其余都不是. 故应选(B).

2. (B)

点拨：此题考查不定积分的定义.

解：由不定积分定义可知

$\displaystyle\int F'(x)\mathrm{d}x=F(x)+C_1,$

$\displaystyle\int G'(x)\mathrm{d}x=G(x)+C_2,$

C_1,C_2 均为任意常数.

故 $F(x)+C_1=G(x)+C_2,$

即 $F(x)=G(x)+C,$

而 $F(x)$ 与 $G(x)$ 并不一定相等，故应选(B).

3. (C)

点拨：此题考查不定积分的定义.

解：由题设易知 $F'(x)=f(x)$，

(A)项：$\displaystyle\int f(ax+b)\mathrm{d}x=\dfrac{1}{a}\displaystyle\int f(ax+b)\mathrm{d}(ax+b)$

$=\dfrac{1}{a}F(ax+b)+C,$ (A)错.

(B)项：$\displaystyle\int f(x^n)x^{n-1}\mathrm{d}x=\dfrac{1}{n}\displaystyle\int f(x^n)\mathrm{d}(x^n)=$

$\dfrac{1}{n}F(x^n)+C,$ (B)错.

(C)项：$\displaystyle\int f(\ln ax)\dfrac{1}{x}\mathrm{d}x=\displaystyle\int f(\ln ax)\dfrac{1}{ax}\mathrm{d}(ax)=$

$\displaystyle\int f(\ln ax)\mathrm{d}(\ln ax)=F(\ln ax)+C,$ (C)对.

(D)项：$\displaystyle\int f(\mathrm{e}^{-x})\mathrm{e}^{-x}\mathrm{d}x=-\displaystyle\int f(\mathrm{e}^{-x})\mathrm{d}(\mathrm{e}^{-x})=$

$-F(\mathrm{e}^{-x})+C,$ (D)错.

故应选(C).

4. (A)

点拨：此题考查分部积分法求不定积分.

解：$\displaystyle\int xf'(x)\mathrm{d}x=\displaystyle\int x\mathrm{d}f(x)$

$$= xf(x) - \int f(x)\mathrm{d}x$$
$$= x(\ln^2 x)' - \ln^2 x + C$$
$$= 2\ln x - \ln^2 x + C.$$

故应选(A).

5. (C)

点拨：此题考查凑微分法求不定积分. 第一类换元积分法又称凑微分法，解题关键需在被积函数中"凑"出一部分. "凑微分"法，由于灵活多变，因此是不定积分法中较难掌握的方法，在熟记常用积分公式的前提下，应多熟悉一些常用类型及其变化.

解：$\int \dfrac{f'(x)}{1+f^2(x)}\mathrm{d}x = \int \dfrac{1}{1+f^2(x)}\mathrm{d}f(x)$
$$= \arctan f(x) + C.$$

故应选(C).

6. (D)

点拨：同第5题.

解：$\int \dfrac{\mathrm{e}^{3x}+\mathrm{e}^{x}}{\mathrm{e}^{4x}-\mathrm{e}^{2x}+1}\mathrm{d}x$
$$= \int \dfrac{\mathrm{e}^{x}+\mathrm{e}^{-x}}{\mathrm{e}^{2x}-1+\mathrm{e}^{-2x}}\mathrm{d}x$$
$$= \int \dfrac{\mathrm{d}(\mathrm{e}^{x}-\mathrm{e}^{-x})}{(\mathrm{e}^{x}-\mathrm{e}^{-x})^2+1}$$
$$= \arctan(\mathrm{e}^{x}-\mathrm{e}^{-x}) + C.$$

故应选(D).

二、填空题

7. $-2\arctan\sqrt{1-x} + C$

点拨：含有一次根式的不定积分，一般用换元法.

解：原式 $\xlongequal{\sqrt{1-x}=t} \int \dfrac{-2t}{(1+t^2)t}\mathrm{d}t$
$$= -2\int \dfrac{1}{1+t^2}\mathrm{d}t = -2\arctan t + C$$
$$= -2\arctan\sqrt{1-x} + C.$$

故应填 $-2\arctan\sqrt{1-x} + C$.

8. $x^3 + \arctan x + C$

点拨：此题考查有理函数的积分.

解：$\int \dfrac{3x^4 + 3x^2 + 1}{x^2 + 1}\mathrm{d}x$
$$= \int \dfrac{3x^2(x^2+1) + 1}{x^2+1}\mathrm{d}x$$
$$= \int \left(3x^2 + \dfrac{1}{1+x^2}\right)\mathrm{d}x$$
$$= \int 3x^2 \mathrm{d}x + \int \dfrac{1}{1+x^2}\mathrm{d}x$$
$$= x^3 + \arctan x + C.$$

故应填 $x^3 + \arctan x + C$.

9. $\dfrac{2}{\sqrt{\cos x}} + C$

点拨：此题考查三角函数的不定积分.

解：原式 $= \int \dfrac{\sin x}{\sqrt{\cos x} \cdot \cos x}\mathrm{d}x$
$$= -\int (\cos x)^{-\frac{3}{2}}\mathrm{d}(\cos x) = \dfrac{2}{\sqrt{\cos x}} + C.$$

故应填 $\dfrac{2}{\sqrt{\cos x}} + C$.

10. $-\dfrac{1}{3}\sqrt{(1-x^2)^3} + C$

点拨：此题考查不定积分和原函数的关系.

解：由 $\int xf(x)\mathrm{d}x = \arcsin x + C$，两端关于 x 求导得 $xf(x) = \dfrac{1}{\sqrt{1-x^2}}$，故 $f(x) = \dfrac{1}{x\sqrt{1-x^2}}$，

$$\int \dfrac{1}{f(x)}\mathrm{d}x = \int x\sqrt{1-x^2}\mathrm{d}x$$
$$= -\dfrac{1}{3}\sqrt{(1-x^2)^3} + C.$$

故应填 $-\dfrac{1}{3}\sqrt{(1-x^2)^3} + C$.

11. $-\dfrac{1}{4}x\cos 2x + \dfrac{1}{8}\sin 2x + C$

点拨：此题考查分部积分法求不定积分.

解：$\int x\sin x\cos x\mathrm{d}x$
$$= \dfrac{1}{2}\int x\sin 2x\mathrm{d}x = -\dfrac{1}{4}\int x\mathrm{d}(\cos 2x)$$
$$= -\dfrac{1}{4}x\cos 2x + \dfrac{1}{4}\int \cos 2x\mathrm{d}x$$
$$= -\dfrac{1}{4}x\cos 2x + \dfrac{1}{8}\int \cos 2x\mathrm{d}(2x)$$
$$= -\dfrac{1}{4}x\cos 2x + \dfrac{1}{8}\sin 2x + C.$$

故应填 $-\dfrac{1}{4}x\cos 2x + \dfrac{1}{8}\sin 2x + C$.

12. $\dfrac{1}{4}[f(x^2)]^2 + C$

点拨：此题考查凑微分法求不定积分.

解：$\int xf(x^2)f'(x^2)\mathrm{d}x = \int f(x^2)\frac{1}{2}\mathrm{d}[f(x^2)]$

$= \frac{1}{2}\int f(x^2)\mathrm{d}[f(x^2)]$

$= \frac{1}{4}[f(x^2)]^2 + C.$

故应填 $\frac{1}{4}[f(x^2)]^2 + C.$

三、解答题

13. $\int f(x)\mathrm{d}x = \begin{cases} x+C, & x<0, \\ \frac{1}{2}x^2+x+C, & 0\leqslant x \leqslant 1, \\ x^2+\frac{1}{2}+C, & x>1 \end{cases}$

点拨：此题考查分段函数不定积分的求法.

解：当 $x<0$ 时，$\int f(x)\mathrm{d}x = \int 1\mathrm{d}x = x+C_1,$

当 $0\leqslant x \leqslant 1$ 时，

$\int f(x)\mathrm{d}x = \int(x+1)\mathrm{d}x = \frac{1}{2}x^2+x+C_2,$

当 $x>1$ 时，$\int f(x)\mathrm{d}x = \int 2x\mathrm{d}x = x^2+C_3,$

由于原函数的连续性，分别考虑在 $x=0, x=1$ 处的左、右极限，可知

$C_1 = C_2, \frac{1}{2}+1+C_2 = 1+C_3.$

解之，有 $C_1 = C_2 = C_3 - \frac{1}{2}.$

令 $C_1 = C_2 = C_3 - \frac{1}{2} = C,$ 则

$\int f(x)\mathrm{d}x = \begin{cases} x+C, & x<0, \\ \frac{1}{2}x^2+x+C, & 0\leqslant x \leqslant 1, \\ x^2+\frac{1}{2}+C, & x>1. \end{cases}$

14. $2\ln(x-1)+x+C$

点拨：此题考查复合函数及有理函数的积分.

解：因为 $f(x^2-1) = \ln\frac{(x^2-1)+1}{(x^2-1)-1},$

所以 $f(x) = \ln\frac{x+1}{x-1}.$

又 $f[\varphi(x)] = \ln\frac{\varphi(x)+1}{\varphi(x)-1} = \ln x,$

从而 $\frac{\varphi(x)+1}{\varphi(x)-1} = x, \varphi(x) = \frac{x+1}{x-1}.$

于是 $\int \varphi(x)\mathrm{d}x = \int\frac{x+1}{x-1}\mathrm{d}x$

$= 2\ln(x-1)+x+C.$

15. $\ln\frac{\sqrt{1-x}-\sqrt{1+x}}{\sqrt{1-x}+\sqrt{1+x}}+2\arctan\sqrt{\frac{1-x}{1+x}}+C$

点拨：被积函数中出现 $\sqrt[n]{\frac{ax+b}{cx+d}}$ 时，令 $\sqrt[n]{\frac{ax+b}{cx+d}}=t.$

解：令 $\sqrt{\frac{1-x}{1+x}}=t,$ 则 $x=\frac{1-t^2}{1+t^2},$ 从而

原式 $= \int t\cdot\frac{t^2+1}{1-t^2}\cdot\frac{-4t}{(t^2+1)^2}\mathrm{d}t$

$= 4\int\frac{t^2}{(t^2-1)(t^2+1)}\mathrm{d}t$

$= 2\int\left(\frac{1}{t^2-1}+\frac{1}{t^2+1}\right)\mathrm{d}t$

$= \ln\left|\frac{t-1}{t+1}\right|+2\arctan t+C$

$= \ln\frac{\sqrt{1-x}-\sqrt{1+x}}{\sqrt{1-x}+\sqrt{1+x}}+$

$2\arctan\sqrt{\frac{1-x}{1+x}}+C.$

16. $2\sqrt{1+x}-3\sqrt[3]{1+x}+6\sqrt[6]{1+x}-6\ln(\sqrt[6]{1+x}+1)+C$

点拨：被积函数中出现两个根号 $\sqrt[a]{f(x)}$ 与 $\sqrt[b]{f(x)}$，一般设 $t=\sqrt[c]{f(x)},$ 其中 c 为 a,b 的最小公倍数.

解：令 $\sqrt[6]{1+x}=t,$ 则 $x=t^6-1, \mathrm{d}x=6t^5\mathrm{d}t,$ 则

$\int\frac{1}{\sqrt{1+x}+\sqrt[3]{1+x}}\mathrm{d}x = \int\frac{1}{t^3+t^2}\cdot 6t^5\mathrm{d}t$

$= 6\int\frac{t^3}{t+1}\mathrm{d}t = 6\int\frac{t^3+1-1}{t+1}\mathrm{d}t$

$= 6\int\left(t^2-t+1-\frac{1}{t+1}\right)\mathrm{d}t$

$= 2t^3-3t^2+6t-6\ln|t+1|+C$

$= 2\sqrt{1+x}-3\sqrt[3]{1+x}+6\sqrt[6]{1+x}-$

$6\ln(\sqrt[6]{1+x}+1)+C.$

17. $-\frac{\arctan x}{x}-\frac{1}{2}(\arctan x)^2+\frac{1}{2}\ln\frac{x^2}{1+x^2}+C$

点拨：此题考查凑微分法及反三角函数的积分.

解：原式 $= \int\frac{\arctan x}{x^2}\mathrm{d}x - \int\frac{\arctan x}{1+x^2}\mathrm{d}x$

$$= \int \arctan x \mathrm{d}\left(-\frac{1}{x}\right) - \int \arctan x \mathrm{d}(\arctan x)$$

$$= -\frac{\arctan x}{x} + \int \frac{1}{x(1+x^2)} \mathrm{d}x - \frac{1}{2}(\arctan x)^2$$

$$= -\frac{\arctan x}{x} + \frac{1}{2}\int \left(\frac{1}{x^2} - \frac{1}{1+x^2}\right) \mathrm{d}x^2 - \frac{1}{2}(\arctan x)^2$$

$$= -\frac{\arctan x}{x} - \frac{1}{2}(\arctan x)^2 + \frac{1}{2}\ln\frac{x^2}{1+x^2} + C.$$

18. $-\dfrac{\arcsin \mathrm{e}^x}{\mathrm{e}^x} + \ln(1 - \sqrt{1 - \mathrm{e}^{2x}}) - x + C$

点拨：此题考查换元法求不定积分．

解：令 $\arcsin \mathrm{e}^x = t$，则 $x = \ln \sin t$，$\mathrm{d}x = \dfrac{\cos t}{\sin t}\mathrm{d}t$．

$$\int \frac{\arcsin \mathrm{e}^x}{\mathrm{e}^x} \mathrm{d}x = \int \frac{t}{\sin t} \cdot \frac{\cos t}{\sin t} \mathrm{d}t = -\int t \mathrm{d}\left(\frac{1}{\sin t}\right)$$

$$= -\frac{t}{\sin t} + \int \frac{1}{\sin t} \mathrm{d}t$$

$$= -\frac{t}{\sin t} + \ln|\csc t - \cot t| + C$$

$$= -\frac{\arcsin \mathrm{e}^x}{\mathrm{e}^x} + \ln\left|\frac{1}{\mathrm{e}^x} - \frac{\sqrt{1 - \mathrm{e}^{2x}}}{\mathrm{e}^x}\right| + C$$

$$= -\frac{\arcsin \mathrm{e}^x}{\mathrm{e}^x} + \ln(1 - \sqrt{1 - \mathrm{e}^{2x}}) - x + C.$$

19. $-\cot x \cdot \ln \sin x - \cot x - x + C$

点拨：因为 $\dfrac{1}{\sin^2 x}\mathrm{d}x = -\mathrm{d}(\cot x)$，故采用分部积分公式计算．一般地，对形如 $\int \dfrac{f(x)}{\varphi(x)}\mathrm{d}x$ 的积分可考虑转化为 $\int f(x)\mathrm{d}g(x)$，然后使用分部积分公式计算，其中 $g'(x) = \dfrac{1}{\varphi(x)}$．

解：原式 $= -\int \ln \sin x \mathrm{d}(\cot x)$

$$= -\cot x \cdot \ln \sin x + \int \cot x \cdot \frac{\cos x}{\sin x}\mathrm{d}x$$

$$= -\cot x \cdot \ln \sin x + \int (\csc^2 x - 1)\mathrm{d}x$$

$$= -\cot x \cdot \ln \sin x - \cot x - x + C.$$

20. $\dfrac{1}{8}\tan^2 \dfrac{x}{2} + \dfrac{1}{4}\ln\left|\tan \dfrac{x}{2}\right| + C$

点拨：被积函数是三角函数时，经常利用三角函数恒等变换进行化简．

解：原式 $= \int \dfrac{\mathrm{d}x}{2\sin x (\cos x + 1)}$

$$= \frac{1}{4}\int \frac{\mathrm{d}\left(\frac{x}{2}\right)}{\sin\frac{x}{2}\cos^3\frac{x}{2}} = \frac{1}{4}\int \frac{\mathrm{d}\left(\tan\frac{x}{2}\right)}{\tan\frac{x}{2}\cos^2\frac{x}{2}}$$

$$= \frac{1}{4}\int \frac{1 + \tan^2\frac{x}{2}}{\tan\frac{x}{2}}\mathrm{d}\left(\tan\frac{x}{2}\right)$$

$$= \frac{1}{8}\tan^2\frac{x}{2} + \frac{1}{4}\ln\left|\tan\frac{x}{2}\right| + C.$$

第五章　定积分

(A)卷参考答案及点拨

一、选择题

1. (D)

点拨：对于积分区间对称的积分，可以考虑利用被积函数的奇偶性简化运算．

$$\int_{-a}^{a} f(x)\mathrm{d}x = \begin{cases} 0, & f(x) \text{ 为奇函数}, \\ 2\int_{0}^{a} f(x)\mathrm{d}x, & f(x) \text{ 为偶函数}. \end{cases}$$

解：考虑积分区间的对称性及被积函数的奇偶性．对于 M：因 $\dfrac{\sin x}{1+x^2}\cos^4 x$ 是奇函数，所以 $M = 0$．

对于 N：因 $\sin^3 x$ 是奇函数，$\cos^4 x$ 是偶函数，且 $\cos^4 x > 0$，所以 $N = 2\int_0^{\frac{\pi}{2}} \cos^4 x \mathrm{d}x > 0$．

对于 P：因 $x^2\sin^3 x$ 是奇函数，$-\cos^4 x$ 是偶函数，且 $-\cos^4 x < 0$，所以 $P = 2\int_0^{\frac{\pi}{2}}(-\cos^4 x)\mathrm{d}x < 0$．则

29

$P<M<N$. 故应选(D).

2. (A)

点拨：此题考查变限积分求导.

解：$F'(x)=f(\ln x)\cdot\dfrac{1}{x}-f\left(\dfrac{1}{x}\right)\cdot\left(-\dfrac{1}{x^2}\right)$

$\qquad =\dfrac{1}{x}f(\ln x)+\dfrac{1}{x^2}f\left(\dfrac{1}{x}\right).$

故应选(A).

3. (D)

点拨：因为积分变量为 x，所以积分与 x 无关. 从表面看 I 的值好像与 s 和 t 都有关，但需要化简为一般积分形式再判断.

解：设 $u=tx$，则 $\mathrm{d}x=\dfrac{1}{t}\mathrm{d}u$，

$I=t\displaystyle\int_0^{\frac{s}{t}}f(tx)\mathrm{d}x=t\int_0^s f(u)\cdot\dfrac{1}{t}\mathrm{d}u=\int_0^s f(u)\mathrm{d}u.$

故选(D).

4. (B)

点拨：本题考查洛必达法则、变限积分求导和无穷小的定义，这些知识点非常重要，必须熟记，计算此类题目的基本方法有两个：(1)两两比较法；(2)将 α,β,γ 的积分上限统一转化为 α 的积分上限 x，再进行积分排序.

解：$\displaystyle\lim_{x\to 0^+}\dfrac{\alpha}{\beta}=\lim_{x\to 0^+}\dfrac{\int_0^x \cos t^2 \mathrm{d}t}{\int_0^{\sqrt{x}}\tan\sqrt{t}\,\mathrm{d}t}\xrightarrow{\frac{0}{0}}\lim_{x\to 0^+}\dfrac{\cos x^2}{2x\tan x}=\infty.$

这说明 β 是比 α 高阶的无穷小.

$\displaystyle\lim_{x\to 0^+}\dfrac{\alpha}{\gamma}=\lim_{x\to 0^+}\dfrac{\int_0^x \cos t^2 \mathrm{d}t}{\int_0^{\sqrt{x}}\sin t^3 \mathrm{d}t}\xrightarrow{\frac{0}{0}}\lim_{x\to 0^+}\dfrac{\cos x^2}{\frac{1}{2\sqrt{x}}\sin x^{\frac{3}{2}}}=\infty,$

这说明 γ 是比 α 高阶的无穷小.

$\displaystyle\lim_{x\to 0^+}\dfrac{\beta}{\gamma}=\lim_{x\to 0^+}\dfrac{\int_0^x \tan\sqrt{t}\,\mathrm{d}t}{\int_0^{\sqrt{x}}\sin t^3 \mathrm{d}t}\xrightarrow{\frac{0}{0}}\lim_{x\to 0^+}\dfrac{2x\tan x}{\frac{1}{2\sqrt{x}}\sin x^{\frac{3}{2}}}$

$=4\displaystyle\lim_{x\to 0^+}x=0$，这说明 β 是比 γ 高阶的无穷小.

故应选(B).

5. (B)

点拨：此题考查积分中值定理和定积分的性质.

解：令 $F(x)=\displaystyle\int_0^x f(t)\mathrm{d}t$，显然 $F(0)=0$，

$\displaystyle\lim_{x\to 0}F(x)=\lim_{x\to 0}\int_0^x f(t)\mathrm{d}t=\lim_{x\to 0}f(\xi)x=0=F(0)$,

(ξ 介于 0 与 x 之间)，

故 $F(x)$ 连续，排除选项(C)、(D).

又因为 $F(-x)=\displaystyle\int_0^{-x}f(t)\mathrm{d}t\xrightarrow{\text{令}\,t=-u}$

$\displaystyle\int_0^x f(-u)(-\mathrm{d}u)=\int_0^x f(u)\mathrm{d}u=F(x).$

所以 $F(x)$ 为偶函数. 故应选(B).

6. (A)

点拨：此题考查牛顿-莱布尼茨公式.

解：(A)中的被积函数 $\dfrac{x}{x^2+1}$ 在 $[0,5]$ 上连续，且有原函数 $\dfrac{1}{2}\ln(x^2+1)$，故可直接应用牛顿-莱布尼茨公式；

(B)中函数 $\dfrac{x}{\sqrt{1-x^2}}$ 在积分区间的端点无意义，且在区间上无界；

(C)中的函数 $\dfrac{1}{x\ln x}$ 在 $[e^{-1},e]$ 中有无穷间断点 $x=1$；

(D)中的积分区间是无限的，属于反常积分，由于 $\displaystyle\int_1^{+\infty}\dfrac{\mathrm{d}x}{x}$ 发散，所以不能应用牛顿-莱布尼茨公式.

故应选(A).

二、填空题

7. 200

点拨：因为 $|\sin x|$ 是以 π 为周期的周期函数，所以可利用周期函数的积分性质简化计算.

解：$\displaystyle\int_{-50\pi}^{50\pi}|\sin x|\,\mathrm{d}x=\int_0^{100\pi}|\sin x|\,\mathrm{d}x$

$=100\displaystyle\int_0^\pi|\sin x|\,\mathrm{d}x=100\int_0^\pi\sin x\,\mathrm{d}x$

$=-100\cos x\Big|_0^\pi=200.$

故应填 200.

8. $\dfrac{1}{2}\ln 3$

点拨: 此题考查定积分的计算及函数的表达式的求法.

解: $f\left(x+\dfrac{1}{x}\right)=\dfrac{\dfrac{1}{x}+x}{\dfrac{1}{x^2}+x^2}=\dfrac{\dfrac{1}{x}+x}{\left(\dfrac{1}{x}+x\right)^2-2},$

所以 $f(t)=\dfrac{t}{t^2-2}.$

$\displaystyle\int_2^{2\sqrt{2}} f(x)\mathrm{d}x=\int_2^{2\sqrt{2}} \dfrac{x}{x^2-2}\mathrm{d}x$

$=\dfrac{1}{2}\ln(x^2-2)\Big|_2^{2\sqrt{2}}$

$=\dfrac{1}{2}(\ln 6-\ln 2)=\dfrac{1}{2}\ln 3.$

故应填 $\dfrac{1}{2}\ln 3.$

9. $\dfrac{\pi}{4-\pi}$

点拨: 此题考查的是定积分的定义. $\displaystyle\int_0^1\sqrt{1-x^2}\mathrm{d}x$ 表示的是原点为圆心,半径为1的圆在第一象限的部分的面积,由此可知 $\displaystyle\int_0^1\sqrt{1-x^2}\mathrm{d}x=\dfrac{\pi}{4}.$

解: 设 $\displaystyle\int_0^1 f(x)\mathrm{d}x=I,$ 则

$f(x)=\dfrac{1}{1+x^2}+\sqrt{1-x^2}\cdot I.$

$\displaystyle\int_0^1 f(x)\mathrm{d}x=I=\int_0^1\dfrac{1}{1+x^2}\mathrm{d}x+I\int_0^1\sqrt{1-x^2}\mathrm{d}x,$

所以 $I=\dfrac{\displaystyle\int_0^1\dfrac{1}{1+x^2}\mathrm{d}x}{1-\displaystyle\int_0^1\sqrt{1-x^2}\mathrm{d}x}=\dfrac{\dfrac{\pi}{4}}{1-\dfrac{\pi}{4}}=\dfrac{\pi}{4-\pi}.$

故应填 $\dfrac{\pi}{4-\pi}.$

10. $\dfrac{\pi}{4}$

点拨: 此题考查换元法求定积分.

解: 令 $x-1=\sin t,$ 则 $x=1+\sin t.$

原式 $=\displaystyle\int_0^1\sqrt{1-(x-1)^2}\mathrm{d}(x-1)$

$=\displaystyle\int_{-\frac{\pi}{2}}^0|\cos t|\,\mathrm{d}(\sin t)=\int_{-\frac{\pi}{2}}^0\cos^2 t\,\mathrm{d}t$

$=\dfrac{1}{2}\displaystyle\int_{-\frac{\pi}{2}}^0(1+\cos 2t)\mathrm{d}t$

$=\dfrac{1}{2}t\Big|_{-\frac{\pi}{2}}^0+\dfrac{1}{4}\sin 2t\Big|_{-\frac{\pi}{2}}^0=\dfrac{\pi}{4}.$

故应填 $\dfrac{\pi}{4}.$

11. $\dfrac{\pi}{8}$

点拨: 此题考查对称区间上的积分.

解: 因为 $x^3\cos^2 x$ 为奇函数,所以

$\displaystyle\int_{-\frac{\pi}{2}}^{\frac{\pi}{2}} x^3\cos^2 x\,\mathrm{d}x=0,$ 则

原式 $=\displaystyle\int_{-\frac{\pi}{2}}^{\frac{\pi}{2}}\sin^2 x\cos^2 x\,\mathrm{d}x=2\int_0^{\frac{\pi}{2}}\dfrac{1}{4}\sin^2 2x\,\mathrm{d}x$

$=\dfrac{1}{2}\displaystyle\int_0^{\frac{\pi}{2}}\dfrac{1-\cos 4x}{2}\mathrm{d}x=\dfrac{\pi}{8}.$

故应填 $\dfrac{\pi}{8}.$

12. $\dfrac{\pi}{3}$

点拨: 计算定积分时,首先要看一下积分的特点,恰当地运用积分性质,可简化计算,利用对称性定理时一定要注意只有两个条件都具备(积分区间关于原点对称,被积函数是奇函数或偶函数),才可以使用.

解: $\displaystyle\int_{-\frac{1}{2}}^{\frac{1}{2}}\dfrac{x^3-3x+1}{\sqrt{1-x^2}}\mathrm{d}x$

$=\displaystyle\int_{-\frac{1}{2}}^{\frac{1}{2}}\dfrac{x^3-3x}{\sqrt{1-x^2}}\mathrm{d}x+\int_{-\frac{1}{2}}^{\frac{1}{2}}\dfrac{1}{\sqrt{1-x^2}}\mathrm{d}x$

$=0+2\displaystyle\int_0^{\frac{1}{2}}\dfrac{\mathrm{d}x}{\sqrt{1-x^2}}=2\arcsin x\Big|_0^{\frac{1}{2}}=\dfrac{\pi}{3}.$

故应填 $\dfrac{\pi}{3}.$

三、解答题

13. 点拨: 由欲证不等式的形式特征可猜想,若求出函数 e^{x^2} 在 $[0,1]$ 上的最大值与最小值,利用定积分的性质,即可完成证明.

证明: 令 $f(x)=\mathrm{e}^{x^2},$ 由于 $f'(x)=2x\mathrm{e}^{x^2}\geqslant 0,$ 故 $f(x)$ 在 $[0,1]$ 单调增加,当 $x\in[0,1]$ 时,有 $\min f(x)=f(0)=\mathrm{e}^0=1,$

$\max f(x)=f(1)=\mathrm{e}^1=\mathrm{e}.$

由定积分性质得

$$1 = 1(1-0) \leqslant \int_0^1 e^{x^2} dx \leqslant e(1-0) = e.$$

【方法点拨】上述证法巧妙应用定积分的性质,避开对积分$\int_0^1 e^{x^2} dx$的直接计算和讨论,其关键在于由欲证不等式的特点得出函数e^{x^2}在$[0,1]$上的最小(大)值分别在区间端点$x=0$和$x=1$达到.

14. $\dfrac{\pi}{6}$

点拨:此题考查洛必达法则和变限积分求导.

解:原式$\xlongequal{\frac{0}{0}} \lim\limits_{x\to 0}\dfrac{\int_0^{x^2}\arctan(1+t)dt}{1-\cos x+x\cdot\sin x}$

$\xlongequal{\frac{0}{0}} \lim\limits_{x\to 0}\dfrac{2x\arctan(1+x^2)}{2\sin x+x\cos x}$

$\xlongequal{\frac{0}{0}} \lim\limits_{x\to 0}\dfrac{2\arctan(1+x^2)+\dfrac{4x^2}{1+(1+x^2)^2}}{3\cos x-x\sin x}$

$=\dfrac{\pi}{6}.$

15. 点拨:此题考查柯西中值定理和变限积分函数的性质.

证明:设$F(x)=\int_a^x f(t)dt, G(x)=\int_a^x g(t)dt$,显然$F(x), G(x)$在$[a,b]$上满足柯西中值定理的条件,则至少存在一点$\xi\in(a,b)$,使得

$$\dfrac{F(b)-F(a)}{G(b)-G(a)}=\dfrac{F'(\xi)}{G'(\xi)},$$

即至少存在一点$\xi\in(a,b)$,使得

$$\dfrac{\int_a^b f(x)dx}{\int_a^b g(x)dx}=\dfrac{f(\xi)}{g(\xi)}.$$

16. 点拨:此题考查定积分的性质及连续函数的性质.

证明:不妨设$g(x)\geqslant 0$,由定积分性质可知$\int_a^b g(x)dx\geqslant 0$,记$f(x)$在$[a,b]$上最大值为$M$,最小值为$m$,则有

$$mg(x)\leqslant f(x)g(x)\leqslant Mg(x),$$

故有

$m\int_a^b g(x)dx=\int_a^b mg(x)dx\leqslant\int_a^b f(x)g(x)dx\leqslant$

$\int_a^b Mg(x)dx=M\int_a^b g(x)dx,$

当$\int_a^b g(x)dx=0$时,由上述不等式可知

$\int_a^b f(x)g(x)dx=0,$故结论成立.

当$\int_a^b g(x)dx>0$时,有

$m\leqslant\dfrac{\int_a^b f(x)g(x)dx}{\int_a^b g(x)dx}\leqslant M,$由闭区间上连续函数

性质知,存在$\xi\in[a,b]$,使得

$$f(\xi)=\dfrac{\int_a^b f(x)g(x)dx}{\int_a^b g(x)dx},$$

从而结论成立.

17. 1

点拨:在计算定积分时一定要注意被积函数隐含绝对值的情况,如在本题中忽视了这一点,就会得结果为0,显然是错误的.

解:原式$=\int_0^\pi |\cos x|\cdot\sin x dx$

$=\int_0^{\frac{\pi}{2}}\cos x\cdot\sin x dx-\int_{\frac{\pi}{2}}^\pi \cos x\cdot\sin x dx$

$=\dfrac{1}{2}\sin^2 x\Big|_0^{\frac{\pi}{2}}-\dfrac{1}{2}\sin^2 x\Big|_{\frac{\pi}{2}}^\pi$

$=\dfrac{1}{2}-\dfrac{1}{2}(0-1)=1.$

18. $\int_0^1 t|t-x|dt=\begin{cases}\dfrac{1}{3}-\dfrac{x}{2}, & x<0, \\ \dfrac{1}{3}x^3-\dfrac{1}{2}x+\dfrac{1}{3}, & 0\leqslant x\leqslant 1, \\ \dfrac{x}{2}-\dfrac{1}{3}, & x>1\end{cases}$

点拨:此题考查分段函数求定积分.

解:当$x<0$时,

$\int_0^1 t|t-x|dt=\int_0^1 t(t-x)dt=\dfrac{1}{3}-\dfrac{x}{2},$

当$0\leqslant x\leqslant 1$时,$\int_0^1 t|t-x|dt=\int_0^x t(x-t)dt+$

$$\int_x^1 t(t-x)\mathrm{d}t = \frac{1}{3}x^3 - \frac{1}{2}x + \frac{1}{3},$$

当 $x>1$ 时,$\int_0^1 t|t-x|\mathrm{d}t = \int_0^1 t(x-t)\mathrm{d}t$
$$= \frac{x}{2} - \frac{1}{3}.$$

所以

$$\int_0^1 t|t-x|\mathrm{d}t = \begin{cases} \dfrac{1}{3} - \dfrac{x}{2}, & x<0, \\ \dfrac{1}{3}x^3 - \dfrac{1}{2}x + \dfrac{1}{3}, & 0 \leqslant x \leqslant 1, \\ \dfrac{x}{2} - \dfrac{1}{3}, & x>1. \end{cases}$$

19. -2

点拨: 此题考查变限积分函数.

解: $\int_0^\pi f(x)\mathrm{d}x = xf(x)\big|_0^\pi - \int_0^\pi xf'(x)\mathrm{d}x.$

因为 $f(x) = \int_\pi^x \dfrac{\sin t}{t}\mathrm{d}t,$

于是有 $f(\pi)=0, f'(x) = \dfrac{\sin x}{x},$ 所以

$\int_0^\pi f(x)\mathrm{d}x = 0 - \int_0^\pi \sin x \mathrm{d}x = \cos x\big|_0^\pi = -2.$

20. $\Phi(x) = \begin{cases} \dfrac{x^3}{3}, x\in[0,1), \\ \dfrac{x^2}{2} - \dfrac{1}{6}, x\in[1,2]. \end{cases}$

$\Phi(x)$ 在区间 $[0,2]$ 内连续

点拨: 事实上,由于 $f(x)$ 在 $(0,2)$ 内连续,故 $\Phi(x) = \int_0^x f(t)\mathrm{d}t$ 在 $(0,2)$ 内可导,因此 $\Phi(x)$ 必在 $(0,2)$ 内连续,我们甚至有以下更强的结论:若 $f(x)$ 在 $[a,b]$ 上有界并可积,则 $\Phi(x) = \int_0^x f(t)\mathrm{d}t$ 在 $[a,b]$ 上连续.按照连续函数定义不难证明这一结论.

解: 当 $x\in[0,1)$ 时,$\Phi(x) = \int_0^x t^2 \mathrm{d}t = \dfrac{x^3}{3}$;

当 $x\in[1,2]$ 时,

$\Phi(x) = \int_0^1 t^2 \mathrm{d}t + \int_1^x t\mathrm{d}t = \dfrac{x^2}{2} - \dfrac{1}{6},$

由于 $\lim\limits_{x\to 1^-}\Phi(x) = \lim\limits_{x\to 1^-}\dfrac{x^3}{3} = \dfrac{1}{3},$

$\lim\limits_{x\to 1^+}\Phi(x) = \lim\limits_{x\to 1^+}\left(\dfrac{x^2}{2} - \dfrac{1}{6}\right) = \dfrac{1}{3},$

且 $\Phi(1) = \dfrac{1}{3},$ 故函数 $\Phi(x)$ 在 $x=1$ 处连续,而在其他点处显然连续,因此函数 $\Phi(x)$ 在区间 $(0,2)$ 内连续.

(B)卷参考答案及点拨

一、选择题

1. (C)

点拨: 若 $f(x)$ 在 $(-\infty,0)$ 上有唯一零点 $x_0 = -1,$ 且当 $x\in[x_0-\delta,x_0)$ 时,$f(x)<0,$ 则当 $x\in(-\infty,x_0-\delta)$ 时,$f(x)<0.$

反证,设存在 $x_1\in(-\infty,x_0-\delta),$ 使得 $f(x_1)>0,$ 取 $x_2\in[x_0-\delta,x_0),$ 则有 $f(x_2)<0,$ 利用连续函数的零点存在定理,存在 $x_3\in(x_1,x_2),$ 使得 $f(x_3)=0,$ 这与 $f(x)$ 在 $(-\infty,0)$ 上有唯一零点 $x_0=-1$ 矛盾.

同理可证,若 $f(x)$ 在 $(-\infty,0)$ 上有唯一零点 $x_0=-1,$ 且当 $x\in(x_0,x_0+\delta]$ 时,$f(x)>0,$ 则当 $x\in(x_0+\delta,0)$ 时,$f(x)>0.$

解: 在 $(-\infty,0)$ 上考虑,由 x_0 为 $f(x)$ 的零点可得

$f'(x_0) = f'(-1) = \lim\limits_{x\to x_0}\dfrac{f(x)-f(x_0)}{x-x_0}$

$= \lim\limits_{x\to x_0}\dfrac{f(x)}{x-x_0} = 1 > 0.$

由极限的保号性质可知,存在 $\delta>0$,在 $[x_0-\delta,x_0+\delta]\subset(-\infty,0)$ 内有 $\dfrac{f(x)}{x-x_0}>0$.

因此,当 $x\in[x_0-\delta,x_0)$ 时,$f(x)<0$;
当 $x\in(x_0,x_0+\delta]$ 时,$f(x)>0$.

由 $f(x)$ 在 $(-\infty,0)$ 上有唯一零点,$x_0=-1$ 可得:当 $x\in(-\infty,x_0-\delta)$ 时,$f(x)<0$;
当 $x\in(x_0+\delta,0)$ 时,$f(x)>0$(理由见点拨).

由题设 $f(x)$ 是实数集上连续的偶函数,可得:
当 $x\in(0,1)$ 时,$f(x)>0$;
当 $x\in(1,+\infty)$ 时,$f(x)<0$.

综合上述,当 $x\in(-1,1)$ 时,$f(x)>0$;当 $x\in(-\infty,-1)$ 及 $x\in(1,+\infty)$ 时,$f(x)<0$. 因为 $F'(x)=f(x)$,因此 $F(x)$ 在 $(-1,1)$ 内严格单调增. 故应选(C).

2. (C)

点拨: 本题的被积函数中含有 $f(x)$,但 $f(x)$ 的具体表达式未知,因此不能利用牛顿-莱布尼茨公式计算该积分,而应选取适当的变量代换,并利用定积分的性质将被积函数转化为常数,进而得所求积分值. 这是定积分计算中一类很重要的题型.

解: 记 $I=\int_0^a\dfrac{f(x)}{f(x)+f(a-x)}\mathrm{d}x$.

令 $t=a-x$,则 $x=a-t,\mathrm{d}x=-\mathrm{d}t$,且当 $x=a$ 时,$t=0$,当 $x=0$ 时,$t=a$,于是

$$I=\int_a^0\dfrac{f(a-t)}{f(a-t)+f(t)}(-\mathrm{d}t)$$
$$=\int_0^a\dfrac{f(a-t)}{f(a-t)+f(t)}\mathrm{d}t$$
$$=\int_0^a\dfrac{f(a-x)}{f(a-x)+f(x)}\mathrm{d}x,$$

从而得 $2I=\int_0^a\dfrac{f(x)}{f(x)+f(a-x)}\mathrm{d}x+\int_0^a\dfrac{f(a-x)}{f(a-x)+f(x)}\mathrm{d}x=\int_0^a\mathrm{d}x=a.$

即 $I=\dfrac{a}{2}$. 故应选(C).

3. (A)

点拨: 因为 $\mathrm{e}^{\sin t}\sin t$ 是以 2π 为周期的周期函数,所以可利用周期函数的积分性质简化计算.

$$F(x)=\int_x^{x+2\pi}\mathrm{e}^{\sin t}\sin t\mathrm{d}t=\int_0^{2\pi}\mathrm{e}^{\sin t}\sin t\mathrm{d}t$$
$$=-\int_0^{2\pi}\mathrm{e}^{\sin t}\mathrm{d}(\cos t)=\int_0^{2\pi}\cos^2 t\mathrm{e}^{\sin t}\mathrm{d}t>0,$$

故应选(A).

4. (B)

点拨: 此题考查变限积分的连续性和可导性.

解: 当 $x<0$ 时,$F(x)=\int_0^x(-1)\mathrm{d}t=-x$;

当 $x>0$ 时,$F(x)=\int_0^x1\mathrm{d}t=x$;

当 $x=0$ 时,$F(0)=0$.

即 $F(x)=|x|$,显然,$F(x)$ 在 $(-\infty,+\infty)$ 内连续,但在 $x=0$ 点不可导. 故应选(B).

5. (C)

点拨: 要与 x^k 比较是何种无穷小,首先需要把 $F'(x)$ 的表达式求出来.

解: $F(x)=\int_0^x(x^2-t^2)f(t)\mathrm{d}t$
$$=x^2\int_0^xf(t)\mathrm{d}t-\int_0^xt^2f(t)\mathrm{d}t,$$

故 $F'(x)=2x\int_0^xf(t)\mathrm{d}t+x^2f(x)-x^2f(x)$
$$=2x\int_0^xf(t)\mathrm{d}t,$$

又 $\lim\limits_{x\to 0}\dfrac{F'(x)}{x^k}=\lim\limits_{x\to 0}\dfrac{2x\int_0^xf(t)\mathrm{d}t}{x^k}$
$$=\lim\limits_{x\to 0}\dfrac{2\int_0^xf(t)\mathrm{d}t}{x^{k-1}}$$
$$=2\lim\limits_{x\to 0}\dfrac{f(x)}{(k-1)x^{k-2}}\ (k\neq 1)$$
$$=2\lim\limits_{x\to 0}\dfrac{1}{(k-1)x^{k-3}}\cdot\dfrac{f(x)-f(0)}{x-0}$$
$$=\dfrac{2}{k-1}f'(0)\lim\limits_{x\to 0}\dfrac{1}{x^{k-3}}=c(\neq 0),$$

故 $k=3$. 故应选(C).

6. (A)

点拨: 此题应先求出 $f(\ln x)$ 的表达式再计算定积分.

解: 由于 $f(x)=(\mathrm{e}^{-x})'=-\mathrm{e}^{-x}$,

所以 $f(\ln x)=-\mathrm{e}^{-\ln x}=-\mathrm{e}^{\ln\frac{1}{x}}=-\dfrac{1}{x}$,

从而 $\int_1^{\sqrt{2}} \frac{1}{x^2} f(\ln x) dx = -\int_1^{\sqrt{2}} \frac{1}{x^3} dx = \frac{1}{2} \frac{1}{x^2} \Big|_1^{\sqrt{2}}$
$= -\frac{1}{4}.$

故应选(A).

二、填空题

7. $I < K < J$

点拨：比较被积函数在积分区间内的大小次序,利用定积分的性质即可得.

解：当 $0 < x < \frac{\pi}{4}$ 时,有
$\cot x > 1 > \cos x > \sin x > 0$,
从而由 $y = \ln x$ 的单调增加性质得
$\ln \cot x > \ln \cos x > \ln \sin x$,
根据定积分性质,有
$\int_0^{\frac{\pi}{4}} \ln \cot x dx > \int_0^{\frac{\pi}{4}} \ln \cos x dx > \int_0^{\frac{\pi}{4}} \ln \sin x dx$,
即 $I < K < J$. 故应填 $I < K < J$.

8. 2

点拨：此题考查对称区间上的积分.

解：原式 $= \int_{-1}^1 (1 + 2x\sqrt{1-x^2}) dx$
$= \int_{-1}^1 dx + 0 = 2.$

故应填 2.

9. $-\frac{1}{2}$

点拨：由于 te^{t^2} 是奇函数,所以 $\int_{-\frac{1}{2}}^{\frac{1}{2}} te^{t^2} dt = 0.$

解：$\int_{\frac{1}{2}}^2 f(x-1) dx \xrightarrow{x-1=t} \int_{-\frac{1}{2}}^1 f(t) dt$
$= \int_{-\frac{1}{2}}^{\frac{1}{2}} te^{t^2} dt + \int_{\frac{1}{2}}^1 (-1) dt$
$= -\frac{1}{2}.$

故应填 $-\frac{1}{2}$.

10. $\frac{1}{2}$

点拨：此题应先求出 u,然后利用洛必达法则求出极限.

解：把 $f(x) = e^x$ 代入得 $e^x - 1 = xe^{ux}$, 解得
$u = \frac{1}{x} \ln \frac{e^x - 1}{x}$,
则 $\lim_{x \to 0} u = \lim_{x \to 0} \frac{\ln(e^x - 1) - \ln x}{x}$
$\xlongequal{\frac{0}{0}} \lim_{x \to 0} \frac{\frac{e^x}{e^x - 1} - \frac{1}{x}}{1} = \lim_{x \to 0} \frac{xe^x - e^x + 1}{(e^x - 1)x}$
$= \lim_{x \to 0} \frac{xe^x - e^x + 1}{x^2} \xlongequal{\frac{0}{0}} \lim_{x \to 0} \frac{e^x + xe^x - e^x}{2x}$
$= \lim_{x \to 0} \frac{e^x}{2} = \frac{1}{2}.$

故应填 $\frac{1}{2}$.

11. $\frac{\pi}{4}$

点拨：本题主要考查定积分的概念以及用定积分定义求和式极限的方法,这是求和式极限的一种常用方法.

解：$\lim_{n \to \infty} n \left(\frac{1}{1+n^2} + \frac{1}{2^2+n^2} + \cdots + \frac{1}{n^2+n^2} \right)$
$= \lim_{n \to \infty} \frac{1}{n} \left[\frac{1}{1+\left(\frac{1}{n}\right)^2} + \frac{1}{1+\left(\frac{2}{n}\right)^2} + \cdots + \frac{1}{1+\left(\frac{n}{n}\right)^2} \right]$
$= \int_0^1 \frac{1}{1+x^2} dx = \frac{\pi}{4}.$

故应填 $\frac{\pi}{4}$.

12. 1

点拨：由直线方程的点斜式先求出 $g(x)$ 的表达式,将 $g(x)$ 代入积分 $\int_0^2 f[g(x)] dx$ 中,计算定积分即可.

解：先求 $g(x)$ 的表达式,由图形可知,线性函数 $g(x)$ 的斜率为 $k = \frac{0-1}{-\frac{1}{3}-0} = 3$,

因此 $g(x) = 3x + 1$, $g'(x) = 3$.

在 $\int_0^2 f[g(x)] dx$ 中,令 $g(x) = t$,则当 $x = 0$ 时, $t = 1$; 当 $x = 2$ 时, $t = 7$,且 $g'(x) dx = dt$. 于是
$\int_0^2 f[g(x)] dx = \frac{1}{3} \int_1^7 f(t) dt.$

由于函数 $f(x)$ 是以 2 为周期的连续函数,所以它在每一个周期上的积分相等,因此
$$\int_1^7 f(t)dt = 3\int_0^2 f(t)dt.$$
根据定积分的几何意义,
$$\int_0^2 f(t)dt = \frac{1}{2}\times 2\times 1 = 1,从而$$
$$\int_0^2 f[g(x)]dx = \frac{1}{3}\int_1^7 f(t)dt = \frac{1}{3}\times 3\int_0^2 f(t)dt = 1.$$
故应填 1.

三、解答题

13. $\ln(1+\sqrt{2})$

点拨:此题考查定积分定义.

解:原式 =
$$\lim_{n\to\infty}\left[\frac{1}{\sqrt{1+\frac{1}{n^2}}}+\frac{1}{\sqrt{1+\frac{2^2}{n^2}}}+\cdots+\frac{1}{\sqrt{1+\frac{n^2}{n^2}}}\right]\cdot\frac{1}{n}$$
$$=\lim_{n\to\infty}\sum_{i=1}^n\frac{1}{\sqrt{1+\frac{i^2}{n^2}}}\cdot\frac{1}{n}=\int_0^1\frac{1}{\sqrt{1+x^2}}dx$$
$$=\ln|x+\sqrt{1+x^2}|\Big|_0^1=\ln(1+\sqrt{2}).$$

14. $a=1, b=0, c=\frac{1}{2}$

点拨:含变限积分求极限的题目通常要涉及洛必达法则,因此先从判断分子分母是否为无穷小入手.

解:$x\to 0$ 时,$ax-\sin x\to 0$,若使 $c\neq 0$,则必须 $\int_b^x\frac{\ln(1+t^3)}{t}dt\to 0(x\to 0)$,从而 $b=0$. 事实上,

若 $b>0$,则 $\frac{\ln(1+t^3)}{t}>0(t\in(0,b])$;

若 $b<0$,则 $\frac{\ln(1+t^3)}{t}>0(t\in(b,0))$.

两种情况均与 $\int_b^x\frac{\ln(1+t^3)}{t}dt\to 0$ 矛盾.

故 $b=0$.

又等式左边 $=\lim_{x\to 0}\frac{a-\cos x}{\frac{\ln(1+x^3)}{x}}=\lim_{x\to 0}\frac{a-\cos x}{x^2}=c$

= 右边,

故 $a=1$,且 $c=\frac{1}{2}$.

15. 点拨:此题考查积分中值定理.

证明:由积分中值定理得:存在 $\eta\in[0,x]$,使
$$F(x)=\int_0^x t^2 f(t)dt = \eta^2 f(\eta)x,$$
从而 $F(1)=\eta^2 f(\eta)=f(1)$.

设 $G(x)=x^2 f(x)$,则 $G(1)=f(1)$,

而 $G(\eta)=\eta^2 f(\eta)=f(1)$,从而 $G(1)=G(\eta)$.

对函数 $G(x)$ 在 $[\eta,1]\subset[0,1]$ 上使用罗尔定理得:至少存在一点 $\xi\in(0,1)$,使得
$$f'(\xi)=-\frac{2f(\xi)}{\xi}.$$

16. $f(x)=x^2-\frac{4}{3}x+\frac{2}{3}$

点拨:此题考查定积分的本质是一个常数.

解:记 $\int_0^2 f(x)dx=a$,$\int_0^1 f(x)dx=b$,

则 $f(x)=x^2-ax+2b$,分别代入前两式,得
$$\int_0^2(x^2-ax+2b)dx=a,$$
$$\int_0^1(x^2-ax+2b)dx=b,$$

积分得 $\left(\frac{1}{3}x^3-\frac{1}{2}ax^2+2bx\right)\Big|_0^2=a$,

$\left(\frac{1}{3}x^3-\frac{1}{2}ax^2+2bx\right)\Big|_0^1=b$,

即 $3a-4b=\frac{8}{3}$,$a-2b=\frac{2}{3}$,

联立以上两式,得 $a=\frac{4}{3}$,$b=\frac{1}{3}$,

故 $f(x)=x^2-\frac{4}{3}x+\frac{2}{3}$.

17. $\frac{\pi^3}{8}$

点拨:本题在计算定积分的题目中属于难题,用到的知识点较多,特别是在计算过程中利用了恒等式.一些常见恒等式有:

$\arcsin x+\arccos x=\frac{\pi}{2}$,$-1\leqslant x\leqslant 1$,

$\arctan x+\arctan\frac{1}{x}=\frac{\pi}{2}$,$x>0$,

36

$$\int_0^\pi xf(\sin x)\mathrm{d}x=\frac{\pi}{2}\int_0^\pi f(\sin x)\mathrm{d}x.$$

解：$I=\int_{-\pi}^{0}\dfrac{x\sin x\cdot\arctan \mathrm{e}^x}{1+\cos^2 x}\mathrm{d}x+$

$\int_{0}^{\pi}\dfrac{x\sin x\cdot\arctan \mathrm{e}^x}{1+\cos^2 x}\mathrm{d}x$

$=\int_{0}^{\pi}\dfrac{x\sin x\cdot\arctan \mathrm{e}^{-x}}{1+\cos^2 x}\mathrm{d}x+$

$\int_{0}^{\pi}\dfrac{x\sin x\cdot\arctan \mathrm{e}^x}{1+\cos^2 x}\mathrm{d}x$

$=\int_0^\pi(\arctan \mathrm{e}^x+\arctan \mathrm{e}^{-x})\dfrac{x\sin x}{1+\cos^2 x}\mathrm{d}x$

$=\dfrac{\pi}{2}\int_0^\pi\dfrac{x\sin x}{1+\cos^2 x}\mathrm{d}x=\left(\dfrac{\pi}{2}\right)^2\int_0^\pi\dfrac{\sin x}{1+\cos^2 x}\mathrm{d}x$

$=-\left(\dfrac{\pi}{2}\right)^2\arctan(\cos x)\Big|_0^\pi=\dfrac{\pi^3}{8}.$

18. $4n$

点拨：学习定积分计算，应特别注意它与不定积分计算的不同之处. 如对周期为 T 的函数 $f(x)$，有 $\int_a^{a+T}f(x)\mathrm{d}x=\int_0^T f(x)\mathrm{d}x$，奇(偶)函数在对称区间上的积分性质以及含绝对值积分的处理等，充分利用被积函数与积分区间的某些特点来简化计算，避免出错. 先求出函数 $\cos\left(\ln\dfrac{1}{x}\right)$ 的导数，由周期函数的积分性质再去掉绝对值符号，直接计算定积分即可.

解：由于 $\dfrac{\mathrm{d}}{\mathrm{d}x}\left[\cos\left(\ln\dfrac{1}{x}\right)\right]=\dfrac{1}{x}\sin\left(\ln\dfrac{1}{x}\right)$，

令 $t=\ln\dfrac{1}{x}$，则

原式 $=\int_{\mathrm{e}^{-2n\pi}}^{1}\dfrac{1}{x}\left|\sin\left(\ln\dfrac{1}{x}\right)\right|\mathrm{d}x$

$=\int_{2n\pi}^{0}-|\sin t|\mathrm{d}t=\int_0^{2n\pi}|\sin t|\mathrm{d}t.$

注意到 $|\sin t|$ 是以 π 为周期的函数，

原式 $=2n\int_0^\pi|\sin t|\mathrm{d}t=2n\int_0^\pi\sin t\mathrm{d}t=4n.$

19. $\dfrac{\pi}{4}$

点拨：此题考查定积分的计算.

解：$I=\int_0^{\frac{\pi}{2}}\dfrac{\mathrm{d}x}{1+(\tan x)^{\sqrt{3}}}$

$=\int_0^{\frac{\pi}{2}}\dfrac{(\cos x)^{\sqrt{3}}}{(\cos x)^{\sqrt{3}}+(\sin x)^{\sqrt{3}}}\mathrm{d}x$

$\xrightarrow{x=\frac{\pi}{2}-t}-\int_{\frac{\pi}{2}}^{0}\dfrac{(\sin t)^{\sqrt{3}}}{(\sin t)^{\sqrt{3}}+(\cos t)^{\sqrt{3}}}\mathrm{d}t$

$=\int_0^{\frac{\pi}{2}}\dfrac{(\sin x)^{\sqrt{3}}}{(\sin x)^{\sqrt{3}}+(\cos x)^{\sqrt{3}}}\mathrm{d}x.$

所以 $2I=$

$\int_0^{\frac{\pi}{2}}\left[\dfrac{(\cos x)^{\sqrt{3}}}{(\sin x)^{\sqrt{3}}+(\cos x)^{\sqrt{3}}}+\dfrac{(\sin x)^{\sqrt{3}}}{(\sin x)^{\sqrt{3}}+(\cos x)^{\sqrt{3}}}\right]\mathrm{d}x$

$=\dfrac{\pi}{2},$

即 $I=\dfrac{\pi}{4}.$

20. （Ⅰ）$n^2\pi$　（Ⅱ）π

点拨：（Ⅰ）利用定积分对积分区间的可加性将积分用和式表示，并将被积函数的绝对值符号去掉后直接计算定积分即可.

（Ⅱ）利用（Ⅰ）的结论及夹逼准则，便可得所求极限. 本题被积函数中的 $|\sin t|$ 是以 π 为周期的周期函数且 $|\sin t|=\begin{cases}\sin t,&0\leqslant t\leqslant\pi,\\-\sin t,&\pi\leqslant t<2\pi,\end{cases}$ 这样利用积分的可加性将积分区间 $[0,n\pi]$ 分解为若干个以 π 为长度的区间之和，从而去掉绝对值符号并计算出积分，利用计算定积分所得到的结果及夹逼准则，进而求得极限.

解：（Ⅰ）$\int_0^{n\pi}t|\sin t|\mathrm{d}t=\sum_{k=0}^{n-1}\int_{k\pi}^{(k+1)\pi}t|\sin t|\mathrm{d}t$

$=\sum_{k=0}^{n-1}(-1)^k\int_{k\pi}^{(k+1)\pi}t\sin t\mathrm{d}t$

$=\sum_{k=0}^{n-1}(-1)^k(-t\cos t+\sin t)\Big|_{k\pi}^{(k+1)\pi}$

$=\sum_{k=0}^{n-1}(-1)^k[(k+1)\pi(-1)^{k+2}+k\pi(-1)^k]$

$=\sum_{k=0}^{n-1}(2k+1)\pi=\dfrac{1}{2}(1+2n-1)n\pi=n^2\pi.$

（Ⅱ）设 $n\leqslant x<n+1$，有 $n\pi\leqslant x\pi<(n+1)\pi.$

于是 $\dfrac{1}{(n+1)^2}\int_0^{n\pi}t|\sin t|\mathrm{d}t<\dfrac{1}{x^2}\int_0^{x\pi}t|\sin t|\mathrm{d}t<$

$\dfrac{1}{n^2}\int_0^{(n+1)\pi}t|\sin t|\mathrm{d}t.$

即 $\dfrac{n^2\pi}{(n+1)^2} < \dfrac{1}{x^2}\int_0^{x\pi} t|\sin t|\,dt < \dfrac{(n+1)^2\pi}{n^2}$.

当 $n\to\infty$ 时,由夹逼定理,得

$\lim\limits_{x\to+\infty}\dfrac{1}{x^2}\int_0^{x\pi} t|\sin t|\,dt=\pi$.

第六章 定积分的应用

(A)卷参考答案及点拨

一、选择题

1. (A)

点拨:将面积表示为定积分.

解: $A=\int_0^{+\infty} x\mathrm{e}^{-x}\,dx=-(x+1)\mathrm{e}^{-x}\Big|_0^{+\infty}=1$.

故应选(A).

2. (C)

点拨:对于参数方程的处理方式一般可采用本题的方法,首先根据问题得到积分(其中记曲线上的点为 (x,y)),对于积分根据参数方程进行换元,即可化为关于参数的积分,再进行计算.

解:由对称性可知,所求面积为第一象限部分面积的 4 倍,记曲线 $x=a\cos^3 t, y=a\sin^3 t$ 上的点为 (x,y),因此

$A=4\int_0^a y\,dx=4\int_{\frac{\pi}{2}}^0 [a\sin^3 t\cdot 3a\cos^2 t(-\sin t)]\,dt$

$\quad =12a^2\int_0^{\frac{\pi}{2}}(\sin^4 t-\sin^6 t)\,dt=\dfrac{3}{8}\pi a^2$.

故应选(C).

3. (C)

点拨:此题考查曲线所围平面图形面积公式.

解:由平面图形的面积公式,得

$S=\int_a^b |f_1(x)-f_2(x)|\,dx$

$\quad =\int_a^b [f_2(x)-f_1(x)]\,dx$.

故应选(C).

4. (A)

点拨:此题考查极坐标下平面图形面积.

解:双纽线的极坐标方程为 $r^2=\cos 2\theta$,根据对称性,

$A=4\cdot\dfrac{1}{2}\int_0^{\frac{\pi}{4}} r^2\,d\theta=2\int_0^{\frac{\pi}{4}}\cos 2\theta\,d\theta$.

故应选(A).

5. (D)

点拨:此题考查旋转体体积.

解:该体积即为由曲线 $y=\sqrt{4ax}, x=x_0$ 及 x 轴围得的图形绕 x 轴旋转所得,因此体积为

$V=\int_0^{x_0}\pi(\sqrt{4ax})^2\,dx=2\pi a x_0^2$.

故应选(D).

6. (D)

点拨:此题考查定积分在物理学方面的应用.

解:如图 6(a)-1 所示,设立坐标系,取三角形顶点为原点,取积分变量为 x,则 x 的变化范围为 $[0,0.06]$,易知 B 的坐标为 $(0.06,0.04)$,因此 OB 的方程为 $y=\dfrac{2}{3}x$,故对应小区间 $[x,x+dx]$ 的面积近似值为 $dS=2\cdot\dfrac{2}{3}x\cdot dx=\dfrac{4}{3}x\,dx$.

记 γ 为水的密度,则在 x 处的水压强为

$p=\gamma g(x+0.03)=1\,000g(x+0.03)$,

故压力为

$F=\int_0^{0.06} 1\,000g(x+0.03)\cdot\dfrac{4}{3}x\,dx$

$\quad =0.168g\approx 1.65(\mathrm{N})$.

故应选(D).

二、填空题

7. $\ln 2 - \dfrac{1}{2}$

点拨：将面积表示为定积分.

解：显然，$y = x + \dfrac{1}{x}$ 与 $x=2$，$y=2$ 分别交于点 $\left(2, \dfrac{5}{2}\right)$，$(1,2)$，因此，

$$S = \int_1^2 \left(x + \dfrac{1}{x} - 2\right) dx = \ln 2 - \dfrac{1}{2}.$$

故应填 $\ln 2 - \dfrac{1}{2}$.

8. $8a$

点拨：利用弧长公式来求解.

解：由于心形线关于极轴对称，故所求心形线的全长是极轴上方部分的弧长的两倍.

故 $s = 2\int_0^\pi \sqrt{\rho^2 + \rho'^2}\, d\theta$

$= 2\int_0^\pi \sqrt{a^2(1-\cos\theta)^2 + a^2 \sin^2\theta}\, d\theta$

$= 2a\int_0^\pi \sqrt{2(1-\cos\theta)}\, d\theta = 4a\int_0^\pi \sin\dfrac{\theta}{2}\, d\theta$

$= -8a \cdot \cos\dfrac{\theta}{2}\Big|_0^\pi = 8a.$

故应填 $8a$.

9. $\dfrac{\sqrt{3}+1}{12}\pi$

点拨：此题考查函数在某区间上的平均值.

解：$\bar{y} = \dfrac{1}{b-a}\int_a^b f(x)\, dx$

$= \dfrac{1}{\frac{\sqrt{3}}{2} - \frac{1}{2}}\int_{\frac{1}{2}}^{\frac{\sqrt{3}}{2}} \dfrac{x^2}{\sqrt{1-x^2}}\, dx$

$\xrightarrow{x=\sin t} (\sqrt{3}+1)\int_{\frac{\pi}{6}}^{\frac{\pi}{3}} \dfrac{\sin^2 t}{\cos t}\cos t\, dt$

$= (\sqrt{3}+1)\int_{\frac{\pi}{6}}^{\frac{\pi}{3}} \dfrac{1-\cos 2t}{2}\, dt$

$= (\sqrt{3}+1)\left(\dfrac{t}{2} - \dfrac{\sin 2t}{4}\right)\Big|_{\frac{\pi}{6}}^{\frac{\pi}{3}}$

$= \dfrac{\sqrt{3}+1}{12}\pi.$

故应填 $\dfrac{\sqrt{3}+1}{12}\pi$.

10. $\dfrac{13}{6}$

点拨：此题考查弧长的求法.

解：由题意知，考虑 $x=x, y=x^2, 0 \le x \le \sqrt{2}$，则 $ds = \sqrt{1+4x^2}\, dx$，所以

$\int_0^{\sqrt{2}} x\, ds = \int_0^{\sqrt{2}} x\sqrt{1+4x^2}\, dx$

$= \dfrac{1}{8}\int_0^{\sqrt{2}} \sqrt{1+4x^2}\, d(1+4x^2)$

$= \dfrac{1}{8} \cdot \dfrac{2}{3}(1+4x^2)^{\frac{3}{2}}\Big|_0^{\sqrt{2}} = \dfrac{13}{6}.$

故应填 $\dfrac{13}{6}$.

11. πa^2

点拨：本题也可以利用极坐标下曲边扇形的面积公式，注意 θ 角的范围.

$S = \int_{-\frac{\pi}{2}}^{\frac{\pi}{2}} \dfrac{1}{2}(2a\cos\theta)^2\, d\theta = 2a^2\int_{-\frac{\pi}{2}}^{\frac{\pi}{2}} \cos^2\theta\, d\theta$

$= 2a^2\int_{-\frac{\pi}{2}}^{\frac{\pi}{2}} \dfrac{1+\cos 2\theta}{2}\, d\theta = \pi a^2.$

解：$r = 2a\cos\theta$ 表示以 $(a,0)$ 为圆心、半径为 a 的圆. 故 $S = \pi a^2$. 故应填 πa^2.

12. $\pi\left[\dfrac{1}{2}\left(e^2 + \dfrac{1}{2}\sin 2\right) - 1\right]$

点拨：此题考查旋转体体积.

解：如图 6(a)-2 所示，则旋转体体积为

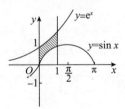

图 6(a)-2

$V_x = \pi\int_0^1 (e^{2x} - \sin^2 x)\, dx$

$= \pi\left(\dfrac{1}{2}e^{2x} - \dfrac{1}{2}x + \dfrac{1}{4}\sin 2x\right)\Big|_0^1$

$= \pi\left[\dfrac{1}{2}\left(e^2 + \dfrac{1}{2}\sin 2\right) - 1\right].$

三、解答题

13. $\dfrac{137}{24}$

点拨：由于当 x 在 $\left[\dfrac{1}{4},\dfrac{1}{2}\right]$ 内变化时，对应的面积元素 dA 的表达式与当 $x\in\left[\dfrac{1}{2},2\right]$ 时 dA 的表达式不同，因此必须用直线 $x=\dfrac{1}{2}$ 将所求面积分为两个面积之和，分别用定积分计算.

解：如图 6(a)-3 所示

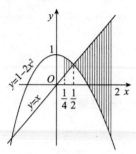

图 6(a)-3

当 $\dfrac{1}{4}\leqslant x\leqslant\dfrac{1}{2}$ 时，面积元素为

$$dA=(1-2x^2-x)dx.$$

当 $\dfrac{1}{2}\leqslant x\leqslant 2$ 时，面积元素为

$$dA=[x-(1-2x^2)]dx=(x-1+2x^2)dx.$$

故所求面积为

$$A=\int_{\frac{1}{4}}^{\frac{1}{2}}dA+\int_{\frac{1}{2}}^{2}dA$$
$$=\int_{\frac{1}{4}}^{\frac{1}{2}}(1-2x^2-x)dx+\int_{\frac{1}{2}}^{2}(x-1+2x^2)dx$$
$$=\left(x-\dfrac{2}{3}x^3-\dfrac{1}{2}x^2\right)\Big|_{\frac{1}{4}}^{\frac{1}{2}}+$$
$$\left(\dfrac{1}{2}x^2-x+\dfrac{2}{3}x^3\right)\Big|_{\frac{1}{2}}^{2}$$
$$=\dfrac{137}{24}.$$

14. $\dfrac{\pi}{6}(11\sqrt{5}-1)$

点拨：此题考查旋转体表面积的求法.

解：设切点为 $(x_0,\sqrt{x_0-1})$，则过原点的切线方程为 $y=\dfrac{1}{2\sqrt{x_0-1}}x$.

再把点 $(x_0,\sqrt{x_0-1})$ 代入，解得

$x_0=2,y_0=\sqrt{x_0-1}=1$，

则上述切线方程为 $y=\dfrac{1}{2}x$（如图 6(a)-4 所示）.

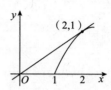

图 6(a)-4

由曲线 $y=\sqrt{x-1}(1\leqslant x\leqslant 2)$ 绕 x 轴旋转一周所得到的旋转体的表面积

$$S_1=\int_1^2 2\pi y\sqrt{1+y'^2}dx=\pi\int_1^2\sqrt{4x-3}dx$$
$$=\dfrac{\pi}{6}(5\sqrt{5}-1);$$

由直线段 $y=\dfrac{1}{2}x(0\leqslant x\leqslant 2)$ 绕 x 轴旋转一周所得到的旋转体的表面积

$$S_2=\int_1^2 2\pi\cdot\dfrac{1}{2}x\cdot\dfrac{\sqrt{5}}{2}dx=\sqrt{5}\pi.$$

因此，所求旋转体的表面积为

$$S=S_1+S_2=\dfrac{\pi}{6}(11\sqrt{5}-1).$$

15. （Ⅰ）$a=\dfrac{1}{e}$，$(x_0,y_0)=(e^2,1)$.

（Ⅱ）$S=\dfrac{1}{6}e^2-\dfrac{1}{2}$

点拨：此题考查切线及平面图形面积的求法.

解：（Ⅰ）分别对 $y=a\sqrt{x}$ 和 $y=\ln\sqrt{x}$ 求导，得

$$y'=\dfrac{a}{2\sqrt{x}}\text{ 和 }y'=\dfrac{1}{2x}.$$

由于两曲线在 (x_0,y_0) 处有公切线，可见

$$\dfrac{a}{2\sqrt{x_0}}=\dfrac{1}{2x_0}\text{，得 }x_0=\dfrac{1}{a^2};$$

将 $x_0=\dfrac{1}{a^2}$ 分别代入两曲线方程，有

$$y_0=a\sqrt{\dfrac{1}{a^2}}=\dfrac{1}{2}\ln\dfrac{1}{a^2}.$$

于是 $a=\dfrac{1}{e}$,所以 $x_0=\dfrac{1}{a^2}=e^2$,

$y_0=a\sqrt{x_0}=\dfrac{1}{e}\cdot\sqrt{e^2}=1$.

从而切点为 $(e^2,1)$.

(Ⅱ)两曲线与 x 轴围成的平面图形的面积

$S=\int_0^1(e^{2y}-e^2y^2)dy=\dfrac{1}{2}e^{2y}\Big|_0^1-\dfrac{1}{3}e^2y^3\Big|_0^1$

$=\dfrac{1}{6}e^2-\dfrac{1}{2}$.

16. 切点 $A(1,1)$,切线方程为 $y=2x-1$.

点拨:此题考查切线方程的求法及平面图形面积的表示.

解:设 $A(a,a^2)$,则过 A 的切线方程的斜率为

$y'\Big|_{x=a}=2a$.

切线方程 $y-a^2=2a(x-a)$,即 $y=2ax-a^2$.

令 $y=0$,得 $x=\dfrac{a}{2}$,则有

$S=\int_0^a x^2 dx-\dfrac{a^3}{4}=\dfrac{a^3}{3}-\dfrac{a^3}{4}=\dfrac{a^3}{12}=\dfrac{1}{12}$,

故 $a=1$.故切点 $A(1,1)$,切线方程为 $y=2x-1$.

17. $\dfrac{448}{15}\pi$.

点拨:计算曲边梯形绕轴旋转形成的旋转体体积时,可利用切片法,即把旋转体看成由一系列垂直于旋转轴的圆形薄片组成,而此薄片体积就是体积元.

解:如图 6(a)-5 所示. $\overset{\frown}{AB}$ 与 $\overset{\frown}{BC}$ 的方程分别为

$y=x^2+2(0\leqslant x\leqslant 1)$ 与 $y=4-x^2(1\leqslant x\leqslant 2)$.

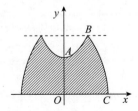

图 6(a)-5

设旋转体在区间 $[0,1]$ 上的体积为 V_1,在区间 $[1,2]$ 上的体积为 V_2,则它们的体积元素分别为

$dV_1=\pi\{3^2-[3-(x^2+2)]^2\}dx$,

$dV_2=\pi\{3^2-[3-(4-x^2)]^2\}dx$,

由对称性得

$V=2(V_1+V_2)$

$=2\pi\int_0^1\{3^2-[3-(x^2+2)]^2\}dx+$

$2\pi\int_1^2\{3^2-[3-(4-x^2)]^2\}dx$

$=2\pi\int_0^2(8+2x^2-x^4)dx$

$=2\pi\left(8x+\dfrac{2}{3}x^3-\dfrac{1}{5}x^5\right)\Big|_0^2=\dfrac{448}{15}\pi$.

18. $V=\dfrac{\pi^2}{2}-\dfrac{2}{3}\pi$

点拨:此题考查微元法求旋转体体积.

解:取 y 为积分变量,则 $0\leqslant y\leqslant 1$,A 的两边界曲线方程分别为

$x=1-\sqrt{1-y^2}$ 及 $x=y(0\leqslant y\leqslant 1)$,

于是在 $[0,1]$ 上任一小区间 $[y,y+dy]$ 上的薄片体积元素为

$\{\pi[2-(1-\sqrt{1-y^2})]^2-\pi(2-y)^2\}dy$

$=2\pi[\sqrt{1-y^2}-(1-y)^2]dy$.

即有 $dV=2\pi[\sqrt{1-y^2}-(1-y)^2]dy$,

$V=\int_0^1 2\pi[\sqrt{1-y^2}-(1-y)^2]dy$

$=2\pi\left[\dfrac{y}{2}\sqrt{1-y^2}+\dfrac{1}{2}\arcsin y+\dfrac{(1-y)^3}{3}\right]\Big|_0^1$

$=\dfrac{\pi^2}{2}-\dfrac{2\pi}{3}$.

19. $\sqrt{2}-1$ (cm)

点拨:对于几何、物理学中的实际问题,定积分的微元法提供了一个解决问题的很好的途径.在微元法的使用过程中,选取积分变量 x 与积分区间 $[a,b]$ 及寻求所求量 u 的积分元素 $du=f(x)dx$ 的表达式是最为关键的两点.特别是在确定积分元素的表达式时,需先把简单情况下如何计算相应的量弄清楚,例如变力做功的计算,就要先弄清楚质点沿直线运动时常力所做的功为 $\boldsymbol{F}\cdot\boldsymbol{S}$,这样才清楚变力在小曲线段上做功的近似值为 $\boldsymbol{F}\cdot\boldsymbol{n}ds$,其中 $\boldsymbol{n}$ 为曲线的切向量.其他如面积、弧长、体积、引力、压力等都是如此.

解:设木板对铁钉的阻力为 R,则铁钉击入木板

的深度为 h 时的阻力为 $R=kh$，其中 k 为常数. 铁锤击第一次时所做的功为

$$W_1=\int_0^1 Rdh=\int_0^1 khdh=\frac{k}{2}.$$

设锤击第二次时，铁钉又击入 h_0 cm，则锤击第二次所做的功为

$$W_2=\int_1^{1+h_0}Rdh=\int_1^{1+h_0}khdh$$
$$=\frac{k}{2}[(1+h_0)^2-1],$$

由条件 $W_1=W_2$ 得 $h_0=\sqrt{2}-1$.

20. $\boldsymbol{F}=\frac{3}{5}Ga^2(\boldsymbol{i}+\boldsymbol{j})$

点拨：此题考查定积分在物理学方面的应用.

解：取参数 t 为积分变量，变化范围为 $[0,\frac{\pi}{2}]$，对应区间 $[t,t+dt]$ 的弧长为

$$ds=\sqrt{\left(\frac{dx}{dt}\right)^2+\left(\frac{dy}{dt}\right)^2}dt=3a\cos t\sin tdt,$$

该弧段质量为

$$(a^2\cos^6t+a^2\sin^6t)^{\frac{3}{2}}ds=3a^4\cos t\sin t(\cos^6t+\sin^6t)^{\frac{3}{2}}dt,$$

该弧段与质点的引力大小为

$$G\cdot\frac{3a^4\cdot\cos t\sin t(\cos^6t+\sin^6t)^{\frac{3}{2}}dt}{a^2\cos^6t+a^2\sin^6t}=$$

$$3Ga^2\cos t\sin t(\cos^6t+\sin^6t)^{\frac{1}{2}}dt,$$

因此曲线弧对这质点引力的水平方向分量、垂直方向分量分别为

$$F_x=\int_0^{\frac{\pi}{2}}\frac{a\cos^3t}{\sqrt{a^2\cos^6t+a^2\sin^6t}}\cdot$$
$$3Ga^2\cos t\sin t(\cos^6t+\sin^6t)^{\frac{1}{2}}dt$$
$$=\int_0^{\frac{\pi}{2}}3Ga^2\cos^4t\cdot\sin tdt$$
$$=3Ga^2\left(-\frac{\cos^5t}{5}\right)\Big|_0^{\frac{\pi}{2}}=\frac{3}{5}Ga^2,$$

$$F_y=\int_0^{\frac{\pi}{2}}\frac{a\sin^3t}{\sqrt{a^2\cos^6t+a^2\sin^6t}}\cdot$$
$$3Ga^2\cos t\sin t(\cos^6t+\sin^6t)^{\frac{1}{2}}dt$$
$$=\int_0^{\frac{\pi}{2}}3Ga^2\cos t\cdot\sin^4tdt$$
$$=3Ga^2\left(\frac{\sin^5t}{5}\right)\Big|_0^{\frac{\pi}{2}}=\frac{3}{5}Ga^2,$$

因此所求引力

$$\boldsymbol{F}=F_x\boldsymbol{i}+F_y\boldsymbol{j}=\frac{3}{5}Ga^2(\boldsymbol{i}+\boldsymbol{j}),$$

即大小为 $\frac{3\sqrt{2}}{5}Ga^2$，方向角为 $\frac{\pi}{4}$.

(B)卷参考答案及点拨

一、选择题

1. (C)

点拨：此题考查将平面图形面积表示为定积分.

解：曲线 $y=x(x-1)(2-x)$ 与 x 轴交点为 $x=0$，$x=1$，$x=2$；

当 $0<x<1$ 时，$y<0$；

当 $1<x<2$ 时，$y>0$.

$$A=\int_0^2|y|dx=-\int_0^1 x(x-1)(2-x)dx+$$
$$\int_1^2 x(x-1)(2-x)dx.$$

故应选(C).

2. (B)

点拨：此题考查旋转体体积的求法.

解：因为

$$dV=[\pi(m-g(x))^2-\pi(m-f(x))^2]dx$$
$$=\pi[2m-f(x)-g(x)][f(x)-g(x)]dx,$$

所以

$$V=\int_a^b\pi[2m-f(x)-g(x)][f(x)-g(x)]dx.$$

故应选(B).

3. (B)

点拨：此题考查函数的性质及定积分的比较.

解：由题意知 $y=f(x)$ 在 $[a,b]$ 上单调减少且是凹

的,于是有 $f(x) > f(b), f(x) < f(a) + \dfrac{f(b)-f(a)}{b-a}$

$(x-a), a < x < b$,从而 $S_1 = \int_a^b f(x)\mathrm{d}x > \int_a^b f(b)\mathrm{d}x = f(b)(b-a) = S_2$.

$S_1 = \int_a^b f(x)\mathrm{d}x <$

$\int_a^b \left[f(a) + \dfrac{f(b)-f(a)}{b-a}(x-a) \right]\mathrm{d}x$

$= \dfrac{1}{2}[f(a)+f(b)](b-a) = S_3.$

故应选(B).

4. (B)

点拨:此题考查极坐标下图形的面积.

解:$S = \dfrac{1}{2}\int_0^{2\pi} \rho^2(\theta)\mathrm{d}\theta = \dfrac{1}{2}\int_0^{2\pi} \mathrm{e}^{2a\theta}\mathrm{d}\theta$

$= \dfrac{1}{4a}\mathrm{e}^{2a\theta}\Big|_0^{2\pi} = \dfrac{1}{4a}(\mathrm{e}^{4\pi a}-1).$

故应选(B).

5. (D)

点拨:此题应先求定积分,求出 $g(x)$,然后再讨论 $g(x)$ 的连续性.

解:当 $0 \leqslant x < 1$ 时,

$g(x) = \int_0^x \dfrac{1}{2}(u^2+1)\mathrm{d}u = \dfrac{1}{2}\left(\dfrac{x^3}{3}+x\right),$

当 $1 \leqslant x < 2$ 时,

$g(x) = \int_0^1 \dfrac{1}{2}(u^2+1)\mathrm{d}u + \int_1^x \dfrac{1}{3}(u-1)\mathrm{d}u$

$= \dfrac{1}{3}\left(\dfrac{x^2}{2}-x\right) + \dfrac{5}{6},$

故 $g(x) = \begin{cases} \dfrac{1}{2}\left(\dfrac{x^3}{3}+x\right), & 0 \leqslant x < 1, \\ \dfrac{1}{3}\left(\dfrac{x^2}{2}-x\right) + \dfrac{5}{6}, & 1 \leqslant x < 2. \end{cases}$

由 $\lim\limits_{x \to 1^+} g(x) = \lim\limits_{x \to 1^-} g(x) = \dfrac{2}{3}$,知 $g(x)$ 在 $x=1$ 处连续. 故应选(D).

6. (C)

点拨:此题考查函数平均值的表示.

解:$f(x)$ 在 $[-1,1]$ 上的平均值为

$\dfrac{1}{1-(-1)}\int_{-1}^1 f(x)\mathrm{d}x = \dfrac{1}{2}\int_{-1}^1 f(x)\mathrm{d}x$,

由题意知 $\dfrac{1}{2}\int_{-1}^1 f(x)\mathrm{d}x = 2$,即 $\int_{-1}^1 f(x)\mathrm{d}x = 4$,

所以 $\int_1^{-1} f(x)\mathrm{d}x = -4$.

故应选(C).

二、填空题

7. $2 - \dfrac{2}{\mathrm{e}}$

点拨:此题考查平面图形的面积.

解:$y = |\ln x| = \begin{cases} \ln x, & x \geqslant 1, \\ -\ln x, & 0 < x < 1, \end{cases}$

$S = \int_{\frac{1}{\mathrm{e}}}^1 (-\ln x)\mathrm{d}x + \int_1^{\mathrm{e}} \ln x \mathrm{d}x$

$= -[x\ln x - x]\Big|_{\frac{1}{\mathrm{e}}}^1 + [x\ln x - x]\Big|_1^{\mathrm{e}}$

$= 2 - \dfrac{2}{\mathrm{e}}.$

故应填 $2 - \dfrac{2}{\mathrm{e}}$.

8. 8

点拨:此题考查弧长的求法.

解:$\dfrac{\mathrm{d}x}{\mathrm{d}t} = \sin t, \dfrac{\mathrm{d}y}{\mathrm{d}t} = 1 - \cos t.$

$\mathrm{d}s = \sqrt{\sin^2 t + (1-\cos t)^2}\mathrm{d}t$

$= \sqrt{2(1-\cos t)}\mathrm{d}t = 2\left|\sin\dfrac{t}{2}\right|\mathrm{d}t.$

从而 $s = \int_0^{2\pi} 2\sin\dfrac{t}{2}\mathrm{d}t = 8.$

故应填 8.

9. $\dfrac{\sqrt{5}}{2}(\mathrm{e}^{4\pi}-1).$

点拨:此题考查弧长的求法.

解:$s = \int_0^{2\pi} \sqrt{\mathrm{e}^{4\varphi}+4\mathrm{e}^{4\varphi}}\mathrm{d}\varphi = \sqrt{5}\int_0^{2\pi} \mathrm{e}^{2\varphi}\mathrm{d}\varphi$

$= \dfrac{\sqrt{5}}{2}(\mathrm{e}^{4\pi}-1).$

故应填 $\dfrac{\sqrt{5}}{2}(\mathrm{e}^{4\pi}-1).$

10. $160\pi^2$

点拨:此题考查旋转体体积的求法.

$V = \int_a^b \pi f^2(x)\mathrm{d}x.$

解:该立体为由曲线 $y = 5 + \sqrt{16-x^2}, x = -4,$
$x = 4, y = 0$ 所围成图形绕 x 轴旋转所得立体减

去由曲线 $y=5-\sqrt{16-x^2}$，$x=-4$，$x=4$，$y=0$
所围成图形绕 x 轴旋转所得立体，因此体积为
$$V=\int_{-4}^{4}\pi(5+\sqrt{16-x^2})^2\mathrm{d}x-$$
$$\int_{-4}^{4}\pi(5-\sqrt{16-x^2})^2\mathrm{d}x$$
$$=\int_{-4}^{4}20\pi\sqrt{16-x^2}\mathrm{d}x$$
$$\xlongequal{x=4\sin t}\int_{-\frac{\pi}{2}}^{\frac{\pi}{2}}320\pi\cos^2 t\mathrm{d}t$$
$$=640\pi\int_{0}^{\frac{\pi}{2}}\cos^2 t\mathrm{d}t=160\pi^2.$$
故应填 $160\pi^2$.

11. $\dfrac{11}{20}$

点拨：此题考查定积分在物理中的应用.

解：质心的横坐标为
$$\bar{x}=\dfrac{\int_{0}^{1}x\rho(x)\mathrm{d}x}{\int_{0}^{1}\rho(x)\mathrm{d}x}=\dfrac{\int_{0}^{1}x(-x^2+2x+1)\mathrm{d}x}{\int_{0}^{1}(-x^2+2x+1)\mathrm{d}x}$$
$$=\dfrac{\frac{11}{12}}{\frac{5}{3}}=\dfrac{11}{20}.$$
故应填 $\dfrac{11}{20}$.

12. $250\pi gr^4(\mathrm{J})$

点拨：此题考查定积分在物理中的应用.

解：建立坐标系，如图 6(b)-1 所示.

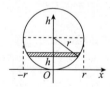

图 6(b)-1

$$W=-1\,000\pi g\int_{r}^{0}(r-h)[r^2-(r-h)^2]\mathrm{d}h$$
$$=-1\,000\pi g\int_{r}^{0}[r^2(r-h)-(r-h)^3]\mathrm{d}h$$
$$=-1\,000\pi g\cdot\left[-\dfrac{r^2}{2}(r-h)^2+\dfrac{1}{4}(r-h)^4\right]\Big|_{r}^{0}$$
$$=250\pi gr^4(\mathrm{J}).$$
故应填 $250\pi gr^4(\mathrm{J})$.

三、解答题

13. （Ⅱ）$\dfrac{V_1}{V_2}=\dfrac{19}{8}$

点拨：曲线与坐标轴所围图形面积
$$S=\int_{a}^{b}|f(x)|\mathrm{d}x.$$
图形绕 x 轴旋转所得旋转体体积为
$$V=\pi\int_{a}^{b}f^2(x)\mathrm{d}x.$$

解：（Ⅰ）设过 A，B 两点的抛物线方程为 $y=a(x-1)(x-3)(a\neq 0)$，则抛物线与两坐标轴所围成图形的面积为
$$S_1=\int_{0}^{1}|a(x-1)(x-3)|\mathrm{d}x$$
$$=|a|\int_{0}^{1}(x^2-4x+3)\mathrm{d}x$$
$$=\dfrac{4}{3}|a|.$$

抛物线与 x 轴所围图形的面积为
$$S_2=\int_{1}^{3}|a(x-1)(x-3)|\mathrm{d}x$$
$$=|a|\int_{1}^{3}(4x-x^2-3)\mathrm{d}x=\dfrac{4}{3}|a|.$$

所以 $S_1=S_2$.

（Ⅱ）抛物线与两坐标轴所围图形绕 x 轴旋转所得旋转体体积为
$$V_1=\pi\int_{0}^{1}a^2[(x-1)(x-3)]^2\mathrm{d}x$$
$$=\pi a^2\int_{0}^{1}[(x-1)^4-4(x-1)^3+4(x-1)^2]\mathrm{d}x$$
$$=\pi a^2\left[\dfrac{(x-1)^5}{5}-(x-1)^4+\dfrac{4}{3}(x-1)^3\right]\Big|_{0}^{1}$$
$$=\dfrac{38}{15}\pi a^2.$$

抛物线与 x 轴所围图形绕 x 轴旋转所得旋转体体积为
$$V_2=\pi\int_{1}^{3}a^2[(x-1)(x-3)]^2\mathrm{d}x$$
$$=\pi a^2\left[\dfrac{(x-1)^5}{5}-(x-1)^4+\dfrac{4}{3}(x-1)^3\right]\Big|_{1}^{3}$$
$$=\dfrac{16}{15}\pi a^2.$$

所以 $\dfrac{V_1}{V_2}=\dfrac{19}{8}$.

14. $f(t)=\ln(\sec t+\tan t)-\sin t, S=\dfrac{\pi}{4}$

点拨：先求切线方程，然后根据两点间的距离恒为1得到微分方程.

解：（Ⅰ）由参数方程的求导公式，有
$$y'=\dfrac{dy}{dx}=-\dfrac{\sin t}{f'(t)},$$
于是 L 上任意一点 $(x,y)=(f(t),\cos t)$ 处的切线方程为 $Y-\cos t=-\dfrac{\sin t}{f'(t)}[X-f(t)]$.

令 $Y=0$，得此切线与 x 轴的交点为 $(f'(t)\cot t+f(t),0)$.

由 $(f'(t)\cot t+f(t),0)$ 到切点 $(f(t),\cos t)$ 的距离恒为 1，有
$$[f'(t)\cot t+f(t)-f(t)]^2+(0-\cos t)^2=1,$$
解得 $f'(t)=\pm\dfrac{\sin^2 t}{\cos t}$.

由 $f'(t)>0\left(0<t<\dfrac{\pi}{2}\right)$，且 $f(0)=0$ 知 $f(t)>0\left(0<t<\dfrac{\pi}{2}\right)$.

所以 $f'(t)=\dfrac{\sin^2 t}{\cos t}\left(0\leq t<\dfrac{\pi}{2}\right)$.

于是 $f(t)=\int\dfrac{\sin^2 t}{\cos t}dt=\int\dfrac{1-\cos^2 t}{\cos t}dt$
$=\int(\sec t-\cos t)dt$
$=\ln(\sec t+\tan t)-\sin t+C$.

由 $f(0)=0$ 得 $C=0$，故
$$f(t)=\ln(\sec t+\tan t)-\sin t.$$

（Ⅱ）以曲线 L 及 x 轴和 y 轴为边界的区域的面积
$$S=\int_0^{\pi/2}\cos t\cdot f'(t)dt=\int_0^{\pi/2}\cos t\cdot\dfrac{\sin^2 t}{\cos t}dt$$
$$=\int_0^{\pi/2}\dfrac{1-\cos 2t}{2}dt=\dfrac{\pi}{4}-\dfrac{\sin 2t}{4}\bigg|_0^{\pi/2}=\dfrac{\pi}{4}.$$

15. （Ⅰ）$p=-\dfrac{4}{5}$，$q=3$ 时，$S(p)$ 取最大值；

（Ⅱ）$S=\dfrac{225}{32}$

点拨：首先将面积求出，然后求面积 S 的最值.

解：（Ⅰ）依题意知，它与 x 轴交点的横坐标为
$$x_1=0, x_2=-\dfrac{q}{p},$$

面积 $S=\int_0^{-q/p}(px^2+qx)dx$
$=\left(\dfrac{p}{3}x^3+\dfrac{q}{2}x^2\right)\bigg|_0^{-q/p}=\dfrac{q^3}{6p^2}.$ ①

因直线 $x+y=5$ 与抛物线 $y=px^2+qx$ 相切，故它们有唯一公共点. 由方程组
$$\begin{cases}x+y=5,\\ y=px^2+qx,\end{cases}$$
得 $px^2+(q+1)x-5=0$，其判别式必等于零，即
$$\Delta=(q+1)^2+20p=0,$$
解得 $p=-\dfrac{1}{20}(1+q)^2$，

将 p 代入①式得 $S(q)=\dfrac{200q^3}{3(q+1)^4}$，

令 $S'(q)=\dfrac{200q^2(3-q)}{3(q+1)^5}=0$，

得驻点 $q=3$.

当 $0<q<3$ 时，$S'(q)>0$；
当 $q>3$ 时，$S'(q)<0$.

于是，当 $q=3$ 时，$S(p)$ 取极大值，即最大值.

（Ⅱ）当 $q=3$ 时，$p=-\dfrac{4}{5}$，

从而最大值 $S=\dfrac{225}{32}$.

16. （Ⅰ）$\dfrac{S(t)}{V(t)}=2$ （Ⅱ）$\lim\limits_{t\to+\infty}\dfrac{S(t)}{F(t)}=1$

点拨：曲线 $y=f(x)\geq 0$，$x=a$，$x=b$ 所围区域绕 x 轴旋转所得旋转体的表面积公式为
$$S=\int_a^b 2\pi f(x)\sqrt{1+f'^2(x)}dx.$$

解：（Ⅰ）$S(t)=\int_0^t 2\pi y\sqrt{1+y'^2}dx$
$=2\pi\int_0^t\left(\dfrac{e^x+e^{-x}}{2}\right)\sqrt{1+\dfrac{e^{2x}-2+e^{-2x}}{4}}dx$
$=2\pi\int_0^t\left(\dfrac{e^x+e^{-x}}{2}\right)^2 dx,$

体积公式 $V(t)=\pi\int_0^t\left(\dfrac{e^x+e^{-x}}{2}\right)^2 dx,$

所以 $\dfrac{S(t)}{V(t)}=2.$

（Ⅱ）$F(t)=\pi y^2\bigg|_{x=t}=\pi\left(\dfrac{e^t+e^{-t}}{2}\right)^2,$

$$\lim_{t\to+\infty}\frac{S(t)}{F(t)}=\lim_{t\to+\infty}\frac{2\pi\int_0^t\left(\frac{e^x+e^{-x}}{2}\right)^2dx}{\pi\left(\frac{e^t+e^{-t}}{2}\right)^2}$$

$$=\lim_{t\to+\infty}\frac{2\left(\frac{e^t+e^{-t}}{2}\right)^2}{2\left(\frac{e^t+e^{-t}}{2}\right)\left(\frac{e^t-e^{-t}}{2}\right)}$$

$$=\lim_{t\to+\infty}\frac{e^t+e^{-t}}{e^t-e^{-t}}=1.$$

17. $V=2\pi^2a^2b$

点拨: $V=\pi\int_c^d\varphi^2(y)dy.$

解: 记由曲线 $x=\sqrt{a^2-y^2}$, $x=-b$, $y=a$ 围成的图形绕 $x=-b$ 旋转所得旋转体的体积为 V_1, 由曲线 $x=-\sqrt{a^2-y^2}$, $x=-b$, $y=-a$, $y=a$ 围成的图形绕 $x=-b$ 旋转所得的旋转体的体积为 V_2, 则所求体积为

$$V=V_1-V_2=\int_{-a}^a\pi(\sqrt{a^2-y^2}+b)^2dy-\int_{-a}^a\pi(-\sqrt{a^2-y^2}+b)^2dy$$

$$=\int_{-a}^a4\pi b\sqrt{a^2-y^2}dy$$

$$\xrightarrow{y=a\sin t}\int_{-\frac{\pi}{2}}^{\frac{\pi}{2}}4\pi a^2b\cos^2t\,dt$$

$$=8\pi a^2b\int_0^{\frac{\pi}{2}}\cos^2t\,dt=2\pi^2a^2b.$$

18. $\left(\left(\frac{2}{3}\pi-\frac{\sqrt{3}}{2}\right)a,\frac{3}{2}a\right)$

点拨: 摆线的长度 $S=\int_a^b\sqrt{x'^2(t)+y'^2(t)}\,dt.$

解: 对应于摆线第一拱的参数 t 的范围为 $[0,2\pi]$, 参数 t 在范围 $[0,t_0]$ 时摆线的长度为

$$S_0=\int_0^{t_0}\sqrt{a^2(1-\cos t)^2+a^2\sin^2t}\,dt$$

$$=a\int_0^{t_0}2\sin\frac{t}{2}dt=4a\left(1-\cos\frac{t_0}{2}\right).$$

当 $t_0=2\pi$ 时, 长度为 $8a$, 故所求点对应的参数 t_0 满足 $4a\left(1-\cos\frac{t_0}{2}\right)=\frac{8a}{4}$, 解得 $t_0=\frac{2\pi}{3}$, 从而得到点的坐标为 $\left(\left(\frac{2}{3}\pi-\frac{\sqrt{3}}{2}\right)a,\frac{3a}{2}\right)$.

19. $V=\frac{2}{3}a^2b\tan\alpha$

点拨: 确定坐标系, 使椭圆柱体底面的长轴在 x 轴上, 短轴在 y 轴上, 故底面椭圆在 xOy 平面上, 且方程为 $\frac{x^2}{a^2}+\frac{y^2}{b^2}=1$. 要求楔形体的体积 V 有多种方法, 可作垂直于 x 轴或 y 轴的截平面, 求出截面的面积表示式 $S(y)$ 或 $S(x)$, 然后再用一个定积分求出 V, 也可利用三重积分(在第十章中介绍)求出 V.

解法一: 底面椭圆的方程 $\frac{x^2}{a^2}+\frac{y^2}{b^2}=1$, 以垂直于 y 轴的平行平面截此楔形体所得的截面为直角三角形, 其一直角边长为 $a\sqrt{1-\frac{y^2}{b^2}}$, 另一直角边长为 $a\sqrt{1-\frac{y^2}{b^2}}\tan\alpha$, 故截面面积为

$$S(y)=\frac{a^2}{2}\left(1-\frac{y^2}{b^2}\right)\tan\alpha,$$

楔形体的体积为

$$V=2\int_0^b\frac{a^2}{2}\left(1-\frac{y^2}{b^2}\right)\tan\alpha\,dy=\frac{2a^2b}{3}\tan\alpha.$$

解法二: 底面椭圆的方程为 $\frac{x^2}{a^2}+\frac{y^2}{b^2}=1$, 以垂直于 x 轴的平行平面截此楔形体所得的截面为矩形, 其一边长为 $2y=2b\sqrt{1-\frac{x^2}{a^2}}$, 另一边长为 $x\cdot\tan\alpha$, 故截面面积为

$$S(x)=2bx\sqrt{1-\frac{x^2}{a^2}}\cdot\tan\alpha,$$

楔形体的体积为

$$V=\int_0^a2bx\sqrt{1-\frac{x^2}{a^2}}\tan\alpha\,dx$$

$$=b\tan\alpha\left[\frac{-2a^2}{3}\left(1-\frac{x^2}{a^2}\right)^{\frac{3}{2}}\right]\Big|_0^a$$

$$=\frac{2}{3}a^2b\tan\alpha.$$

20. $F_x=-\frac{Gm\mu l}{a\sqrt{a^2+l^2}}$, $F_y=m\mu G\left(\frac{1}{a}-\frac{1}{\sqrt{a^2+l^2}}\right)$

点拨: 此题考查定积分在物理中的应用.

解: 如图 6(b)-2 所示, 设立坐标系, 取 y 为积分变量, 则 y 的变化范围为 $[0,1]$, 对应小区间 $[y,y+dy]$

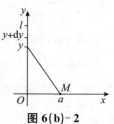

图 6(b)-2

与质点 M 的引力的大小的近似值为 $\mathrm{d}F = G\dfrac{m\mu \mathrm{d}y}{r^2}$，其中 $r = \sqrt{a^2+y^2}$，把该力分解，得到 x 轴、y 轴方向的分量分别为

$$\mathrm{d}F_x = -\dfrac{a}{r}\mathrm{d}F = -G\dfrac{am\mu}{(a^2+y^2)^{3/2}}\mathrm{d}y,$$

$$\mathrm{d}F_y = \dfrac{y}{r}\mathrm{d}F = G\dfrac{m\mu y}{(a^2+y^2)^{3/2}}\mathrm{d}y,$$

因此 $F_x = \int_0^l -G\dfrac{am\mu}{(a^2+y^2)^{3/2}}\mathrm{d}y$

$$\xrightarrow{y=a\tan t} -G\dfrac{m\mu}{a}\int_0^{\arctan\frac{l}{a}} \cos t\,\mathrm{d}t$$

$$= -\dfrac{Gm\mu l}{a\sqrt{a^2+l^2}},$$

$$F_y = \int_0^l G\dfrac{m\mu y}{(a^2+y^2)^{3/2}}\mathrm{d}y$$

$$= \left[-G\dfrac{m\mu}{(a^2+y^2)^{1/2}}\right]\Big|_0^l$$

$$= m\mu G\left(\dfrac{1}{a} - \dfrac{1}{\sqrt{a^2+l^2}}\right).$$

第七章 微分方程

(A)卷参考答案及点拨

一、选择题

1. (D)

点拨：表面上看此方程不属于标准的一阶线性微分方程，但如果交换 x 和 y 的地位，即把 x 看作未知函数，把 y 看作自变量，这时对变量 x 来说，原方程是一阶线性微分方程．

解：把 x 看作未知函数，把 y 看作自变量，原方程变为关于函数 x 的线性方程

$$\dfrac{\mathrm{d}x}{\mathrm{d}y} + \dfrac{1-2y}{y^2}x = 1,$$

其解为 $x = \mathrm{e}^{-\int P(y)\mathrm{d}y}\left(\int Q(y)\mathrm{e}^{\int P(y)\mathrm{d}y}\mathrm{d}y + C\right)$

$$= \mathrm{e}^{-\int \frac{1-2y}{y^2}\mathrm{d}y}\left(\int \mathrm{e}^{\int \frac{1-2y}{y^2}\mathrm{d}y}\mathrm{d}y + C\right)$$

$$= \mathrm{e}^{\frac{1}{y}+2\ln y}\left(\int \mathrm{e}^{-\frac{1}{y}-2\ln y}\mathrm{d}y + C\right)$$

$$= y^2\mathrm{e}^{\frac{1}{y}}\left(\mathrm{e}^{-\frac{1}{y}} + C\right) = y^2 + Cy^2\mathrm{e}^{\frac{1}{y}},$$

即原方程的通解为 $x = y^2 + Cy^2\mathrm{e}^{\frac{1}{y}}$．故应选(D)．

2. (B)

点拨：先两边求导，化为微分方程．

解：所给关系式两边对 x 求导，得 $f'(x) = 2f(x)$，

从而 $f(x) = C\mathrm{e}^{2x}$，又在 $x=0$ 处给出 $f(0)=\ln 2$，因此 $C=\ln 2$，则 $f(x) = \mathrm{e}^{2x}\ln 2$．故应选(B)．

3. (B)

点拨：对 $y^{(n)} = f(x)$ 型微分方程，求法是 n 次积分，得到 $y(x) = \underbrace{\int\cdots\left(\int\right.}_{n} f(x)\mathrm{d}x\left.\right)\cdots\mathrm{d}x + C_1 x^{n-1} + C_2 x^{n-1} + \cdots + C_{n-1}x + C_n$．最后的解中应包含有 n 个独立的常数．

解：由 $y'' = -\dfrac{1}{3x^2}$ 得 $y' = -\dfrac{1}{3}\int\dfrac{1}{x^2}\mathrm{d}x = \dfrac{1}{3x} + C_1$，

则 $y = \int\left(\dfrac{1}{3x} + C_1\right)\mathrm{d}x = \dfrac{1}{3}\ln x + C_1 x + C_2$．

显然，只有(B)选项符合上述形式．

4. (D)

点拨：此题考查线性微分方程解的结构与性质．

解：由线性微分方程解的结构与性质：

①若 $y^*(x)$ 是方程 $y' + P(x)y = Q(x)$ 的特解，$y(x)$ 是 $y' + P(x)y = 0$ 的通解，则 $y^*(x) + y(x)$ 是方程 $y' + P(x)y = Q(x)$ 的通解．

②若 $y_1(x), y_2(x)$ 是方程 $y' + P(x)y = Q(x)$ 的两个不同的解，则 $y_1(x) - y_2(x)$ 是 $y' + P(x)y = 0$ 的解．故选项(D)符合题意．

47

5. (C)

点拨：此题考查二阶常系数线性微分方程解的形式．

解：由解的形式知特征方程的两根为 $r_1=1$，$r_2=-2$，即特征方程为 $r^2+r-2=0$，排除(A)、(B)．将特解 $y^*=xe^x$，$(y^*)'=(1+x)e^x$，$(y^*)''=(2+x)e^x$ 代入方程，有
$y''+y'-2y=(2+x)e^x+(1+x)e^x-2xe^x=3e^x$，
对应知选(C)．

6. (A)

点拨：利用待定系数法确定二阶常系数非齐次线性方程特解的形式．注意对于 $y''+y=x^2+1+\sin x$，直接利用特解的形式无法下手，需要将其拆成 $y''+y=x^2+1$ 和 $y''+y=\sin x$，然后利用叠加原理．

解：对应齐次方程 $y''+y=0$ 的特征方程为 $\lambda^2+1=0$，特征根为 $\lambda=\pm i$．
对 $y''+y=x^2+1=e^0(x^2+1)$ 而言，因 0 不是特征根，从而其特解形式可设为
$$y_1^*=ax^2+bx+c,$$
对 $y''+y=\sin x=\text{Im}(e^{ix})$，因 i 为特征根，从而其特解形式可设为
$$y_2^*=x(A\sin x+B\cos x),$$
从而 $y''+y=x^2+1+\sin x$ 的特解形式可设为
$$y^*=ax^2+bx+c+x(A\sin x+B\cos x)，故选(A)．$$

二、填空题

7. $y=(C_1+C_2x)e^x+C_3\cos x+C_4\sin x$

点拨：此题考查高阶常系数线性齐次微分方程通解的形式．

解：特征方程为 $r^4-2r^3+2r^2-2r+1=0$，即 $(r-1)^2(r^2+1)=0$，得二重实根 1，单重共轭复根 $\pm i$，故方程通解为
$y=(C_1+C_2x)e^x+C_3\cos x+C_4\sin x$．
故应填 $y=(C_1+C_2x)e^x+C_3\cos x+C_4\sin x$．

8. $y''-y-x=0$

点拨：已知解求微分方程，一般做法是求导．

解：对 x 求导得 $y'=C_1e^x-C_2e^{-x}-1$，
再次求导得 $y''=C_1e^x+C_2e^{-x}$．

联立得 $y''-y-x=0$．
故应填 $y''-y-x=0$．

9. $y=(x+C)\cos x$

点拨：此题考查一阶线性微分方程的通解．

解：由通解公式得
$$y=e^{-\int \tan x\,dx}\left(\int \cos x e^{\int \tan x\,dx}dx+C\right)=(x+C)\cos x.$$
故应填 $y=(x+C)\cos x$．

10. $y=\dfrac{1}{5}x^3+\sqrt{x}$

点拨：一阶线性微分方程 $y'+P(x)y=Q(x)$ 的通解 $y=e^{-\int P(x)dx}\left[\int Q(x)e^{\int P(x)dx}dx+C\right]$．

解：原方程整理得 $y'-\dfrac{1}{2x}y=\dfrac{x^2}{2}$，为一阶线性微分方程，由通解公式得
$$y=e^{\int \frac{1}{2x}dx}\left(\int \frac{x^2}{2}e^{-\int \frac{1}{2x}dx}dx+C\right)$$
$$=\frac{1}{5}x^3+C\sqrt{x},$$
将 $y\big|_{x=1}=\dfrac{6}{5}$ 代入上式，得 $C=1$．
故所求特解为 $y=\dfrac{1}{5}x^3+\sqrt{x}$．
故应填 $y=\dfrac{1}{5}x^3+\sqrt{x}$．

11. $y=\dfrac{(x-1)e^x+1}{x}$

点拨：此题考查一阶线性微分方程的求解．

解：由 $xy'+y=(xy)'$ 把原方程化为
$$\frac{d}{dx}(xy)=xe^x.$$
积分后得 $xy=(x-1)e^x+C$，
当 $x=1$，$y=1$ 时 $C=1$，
故所求特解为 $y=\dfrac{(x-1)e^x+1}{x}$．
故应填 $y=\dfrac{(x-1)e^x+1}{x}$．

12. $y=C_1\cos x+C_2\sin x-2x$．

点拨：非齐次通解＝齐次通解＋非齐次特解．

解：对应齐次方程的特征方程为 $r^2+1=0$，其特征根为 $r=\pm i$，故齐次方程通解为
$Y=C_1\cos x+C_2\sin x$．

48

设原方程特解为 $y^* = ax + b$，代入原方程可得 $a = -2, b = 0$，即 $y^* = -2x$，故原方程通解为
$$y = Y + y^* = C_1 \cos x + C_2 \sin x - 2x.$$
故应填 $y = C_1 \cos x + C_2 \sin x - 2x$.

三、解答题

13. $x + 3y + 2\ln|2 - x - y| = C$

点拨：变量代换后变为变量可分离方程.

解：原方程可变形为 $\dfrac{dy}{dx} = \dfrac{-(x+y)}{3(x+y)-4}$，令 $x + y = u$，则 $y = u - x$，$\dfrac{dy}{dx} = \dfrac{du}{dx} - 1$，原方程由此化为 $\dfrac{du}{dx} - 1 = \dfrac{-u}{3u-4}$，

即 $\dfrac{3u-4}{2u-4} du = dx$，

积分得 $\int 3 du + \int \dfrac{2}{u-2} du = 2\int dx$，

即 $3u + 2\ln|u-2| = 2x + C$，

将 $u = x + y$ 代入上式，得通解 $x + 3y + 2\ln|2 - x - y| = C$.

14. (Ⅰ) $F'(x) + 2F(x) = 4e^{2x}$ (Ⅱ) $F(x) = e^{2x} - e^{-2x}$

点拨：求函数所满足的一阶微分方程，需先求导，再比较和原函数的关系.

解：(Ⅰ) $F'(x) = f'(x)g(x) + f(x)g'(x)$
$= g^2(x) + f^2(x)$
$= [f(x) + g(x)]^2 - 2f(x)g(x)$
$= (2e^x)^2 - 2F(x),$

故 $F(x)$ 满足的微分方程为
$$F'(x) + 2F(x) = 4e^{2x}.$$

(Ⅱ) 由（Ⅰ）中的微分方程解得
$F(x) = e^{2x} + Ce^{-2x}$，

又 $F(0) = f(0)g(0) = 0$，代入上式，得 $C = -1$，

故 $F(x) = e^{2x} - e^{-2x}$.

15. $f(x) = Cx + 2$

点拨：此题考查一阶线性非齐次微分方程及变限积分求导.

解：$\int_0^1 f(\alpha x) d\alpha \xrightarrow{\alpha x = t} \int_0^x f(t) \cdot \dfrac{1}{x} dt$
$= \dfrac{1}{x} \int_0^x f(t) dt,$

即得方程 $\int_0^x f(t) dt = \dfrac{1}{2} x f(x) + x$，

两边求导，得 $f(x) = \dfrac{1}{2} f(x) + \dfrac{1}{2} x f'(x) + 1$，

整理得 $f'(x) - \dfrac{1}{x} f(x) = -\dfrac{2}{x}$，为一阶线性非齐次微分方程，利用求解公式，得

$f(x) = e^{\int \frac{1}{x} dx} \left[\int \left(-\dfrac{2}{x} \right) e^{-\int \frac{1}{x} dx} dx + C \right] = Cx + 2.$

16. $y = \dfrac{e^x}{x}(e^x - 1)$

点拨：一阶线性非齐次微分方程
$$y' + P(x) y = Q(x),$$
通解 $y = e^{-\int P(x) dx} \left(\int Q(x) e^{\int P(x) dx} dx + C \right)$ 是常用公式.另一种解法是常数变易法，读者也要熟练掌握.

解：原方程可化为 $y' + \dfrac{1-x}{x} y = \dfrac{e^{2x}}{x}$，

代入一阶线性非齐次微分方程的求解公式得
$y = \dfrac{e^x}{x}(e^x + C)$，

$\lim\limits_{x \to 0^+} y = \lim\limits_{x \to 0^+} \dfrac{(e^x)^2 + Ce^x}{x} = 1$，

得 $C = -1$，

故所求方程特解为：$y = \dfrac{e^x}{x}(e^x - 1)$.

17. $\varphi(x) = \dfrac{1}{2} \cos x + \dfrac{1}{2} \sin x + \dfrac{1}{2} e^x$

点拨：当方程中含有变上限定积分时，需先求导数，转换为微分方程后再解，并注意方程中隐含的初值条件，从而得到方程的特解.

解：原方程化简得
$\varphi(x) = e^x - x \int_0^x \varphi(u) du + \int_0^x u \varphi(u) du,$

两端关于 x 求导数，得 $\varphi'(x) = e^x - \int_0^x \varphi(u) du$，

再求导得 $\varphi''(x) + \varphi(x) = e^x$，该微分方程所对应齐次方程的特征方程为 $r^2 + 1 = 0$，其特征根为 $r = \pm i$.

所以齐次方程的通解为 $y = C_1 \cos x + C_2 \sin x$.

设 $\varphi''(x) + \varphi(x) = e^x$ 的特解为 $y^* = Ae^x$，代入方程求得 $A = \dfrac{1}{2}$，故知

$\varphi(x)=C_1\cos x+C_2\sin x+\dfrac{1}{2}\mathrm{e}^x.$

又 $\varphi(0)=1,\varphi'(0)=1$,于是 $C_1=C_2=\dfrac{1}{2}$,所以

$\varphi(x)=\dfrac{1}{2}\cos x+\dfrac{1}{2}\sin x+\dfrac{1}{2}\mathrm{e}^x.$

18. $y''-y'-2y=\mathrm{e}^x-2x\mathrm{e}^x$

点拨: 对于二阶线性微分方程 $y''+P(x)y'+Q(x)y=f(x)$ 而言,根据解的结构定理,它的通解是齐次方程的通解 $C_1y_1(x)+C_2y_2(x)$ 和非齐次方程的任一特解之和,且根据性质知非齐次方程的两个特解之差是齐次方程的解.

解法一: 由题设知,e^{2x} 与 e^{-x} 是相应齐次方程两个线性无关的解,且 $x\mathrm{e}^x$ 是非齐次方程的一个特解,故此方程是 $y''-y'-2y=f(x)$.

将 $y=x\mathrm{e}^x$ 代入上式,得

$f(x)=(x\mathrm{e}^x)''-(x\mathrm{e}^x)'-2x\mathrm{e}^x$
$\quad =2\mathrm{e}^x+x\mathrm{e}^x-\mathrm{e}^x-x\mathrm{e}^x-2x\mathrm{e}^x=\mathrm{e}^x-2x\mathrm{e}^x.$

因此所求方程为

$y''-y'-2y=\mathrm{e}^x-2x\mathrm{e}^x.$

解法二: 由题设知,e^{2x} 与 e^{-x} 是相应齐次方程两个线性无关的解,且 $x\mathrm{e}^x$ 是非齐次方程的一个特解,故 $y=x\mathrm{e}^x+C_1\mathrm{e}^{2x}+C_2\mathrm{e}^{-x}$ 是所求方程的解,

由 $y'=\mathrm{e}^x+x\mathrm{e}^x+2C_1\mathrm{e}^{2x}-C_2\mathrm{e}^{-x},$
$y''=2\mathrm{e}^x+x\mathrm{e}^x+4C_1\mathrm{e}^{2x}+C_2\mathrm{e}^{-x},$

消去 C_1,C_2,得所求方程为

$y''-y'-2y=\mathrm{e}^x-2x\mathrm{e}^x.$

19. $\dfrac{1+\mathrm{e}^\pi}{1+\pi}$

点拨: 本题考查了二阶常系数非齐次微分方程的求解方法和运用定积分计算的技巧. 在求积分时,先利用题设条件对被积函数整理化简,最后代入 $f(x)$ 的式子进行计算.

解: 由 $f'(x)=g(x)$,得

$f''(x)=g'(x)=2\mathrm{e}^x-f(x)$. 于是有

$\begin{cases} f''(x)+f(x)=2\mathrm{e}^x, \\ f(0)=0, \\ f'(0)=2. \end{cases}$

解得 $f(x)=\sin x-\cos x+\mathrm{e}^x.$

则 $\int_0^\pi \left[\dfrac{g(x)}{1+x}-\dfrac{f(x)}{(1+x)^2}\right]\mathrm{d}x$

$=\int_0^\pi \dfrac{g(x)(1+x)-f(x)}{(1+x)^2}\mathrm{d}x$

$=\int_0^\pi \dfrac{f'(x)(1+x)-f(x)}{(1+x)^2}\mathrm{d}x$

$=\int_0^\pi \mathrm{d}\dfrac{f(x)}{1+x}=\dfrac{f(x)}{1+x}\bigg|_0^\pi$

$=\dfrac{f(\pi)}{1+\pi}-f(0)=\dfrac{1+\mathrm{e}^\pi}{1+\pi}.$

20. $y=x-\dfrac{75}{124}x^2$

点拨: 此题考查一阶线性微分方程的求解及旋转体体积,求最小值.

解: 原方程化为 $\dfrac{\mathrm{d}y}{\mathrm{d}x}-\dfrac{2}{x}y=-1$,由求解公式解得 $y=x+Cx^2$,旋转体体积为

$V(C)=\int_1^2 \pi(x+Cx^2)^2\mathrm{d}x$

$\quad =\pi\left(\dfrac{31}{5}C^2+\dfrac{15}{2}C+\dfrac{7}{3}\right),$

$V'(C)=\pi\left(\dfrac{62}{5}C+\dfrac{15}{2}\right),$

令 $V'(C)=0$ 得 $C=-\dfrac{75}{124},$

当 $C>-\dfrac{75}{124}$ 时,$V'(C)>0,$

当 $C<-\dfrac{75}{124}$ 时,$V'(C)<0,$

则当 $C=-\dfrac{75}{124}$ 时,$V(C)$ 取极小值,也是最小值.

此时 $y=y(x)=x-\dfrac{75}{124}x^2.$

(B)卷参考答案及点拨

一、选择题

1. (B)

点拨：此题考查二阶常系数线性齐次方程的通解的结构.

解：由题意知 $y_1(x)$ 与 $y_2(x)$ 线性无关，即 $\dfrac{y_1(x)}{y_2(x)} \neq c$，对上式求导，得 $\dfrac{y'_1(x)y_2(x)-y'_2(x)y_1(x)}{y_2^2(x)} \neq 0$，

即 $y_1(x)y'_2(x) - y_2(x)y'_1(x) \neq 0$，故应选(B).

2. (C)

点拨：$y(x)$ 是二阶常系数微分方程的解，故 $y(x)$，$y'(x)$ 均连续. 又由方程知 $y''(x)$ 也是连续的.

解：由 $y=y(x)$ 为微分方程特解知 $y''(x) = e^{3x} - py'(x) - qy(x)$. 由洛必达法则

$$\lim_{x\to 0}\frac{\ln(1+x^2)}{y(x)} \xlongequal{\frac{0}{0}} \lim_{x\to 0}\frac{2x}{y'(x)} \xlongequal{\frac{0}{0}} \lim_{x\to 0}\frac{2}{y''(x)}$$

$$= \lim_{x\to 0}\frac{2}{e^{3x}-py'(x)-qy(x)}$$

$$= \frac{2}{1-0-0} = 2.$$

故应选(C).

3. (A)

点拨：此题考查伯努利方程的求法，作变量代换，化为一阶线性微分方程.

解：原方程化为 $y' - \dfrac{1}{2x}y = -\dfrac{x^3}{2} \cdot y^{-3}$，即为伯努利方程.

设 $u = y^{1-(-3)} = y^4$，得线性方程 $u' - 4 \cdot \dfrac{1}{2x}u = 4\left(-\dfrac{x^3}{2}\right)$，即 $u' - \dfrac{2}{x}u = -2x^3$，解得

$$u = e^{\int \frac{2}{x}dx}\left[\int (-2x^3)e^{-\int \frac{2}{x}dx}dx + C\right] = x^2(C - x^2),$$

代回原方程，得原方程通解为 $y^4 = x^2(C - x^2)$，即 $x^4 + y^4 = Cx^2$. 故应选(A).

4. (C)

点拨：此题考查微分方程特解的形式.

解：$\pm\lambda$ 均是特征方程 $r^2 - \lambda^2 = 0$ 的根. 自由项为 $e^{\lambda x}$ 及 $e^{-\lambda x}$ 的特解形式分别为 $x(ae^{\lambda x})$ 及 $x(be^{-\lambda x})$，所以微分方程 $y'' - \lambda^2 y = e^{\lambda x} + e^{-\lambda x}(\lambda > 0)$ 的特解形式为 $x(ae^{\lambda x} + be^{-\lambda x})$. 故应选(C).

5. (B)

点拨：先找出特征根、特征方程，进而写出微分方程.

解：由三个特解形式知此微分方程特征根为 $r_1 = r_2 = -1, r_3 = 1$，故特征方程应为 $(r+1)^2(r-1) = 0$，即 $r^3 + r^2 - r - 1 = 0$，所以微分方程应为 $y''' + y'' - y' - y = 0$. 故应选(B).

6. (D)

点拨：此题考查变量可分离方程的求解.

解：由 $\dfrac{\Delta y}{\Delta x} = \dfrac{y}{1+x^2} + \dfrac{\alpha}{\Delta x}$ 得 $y'(x) = \dfrac{y}{1+x^2}(\Delta x \to 0)$，

即 $\dfrac{dy}{dx} = \dfrac{y}{1+x^2}$.

分离变量得 $\dfrac{dy}{y} = \dfrac{1}{1+x^2}dx$，

积分并整理得 $y = Ce^{\arctan x}$，

把 $y(0) = \pi$ 代入上式，得 $C = \pi$，

则 $y = \pi e^{\arctan x}$，从而 $y(1) = \pi e^{\frac{\pi}{4}}$.

故应选(D).

二、填空题

7. $y = -\dfrac{1}{4}x^3 + \dfrac{5}{4x}$

点拨：此题考查一阶线性微分方程的特解的求法.

解：把原微分方程整理得 $y' + \dfrac{1}{x}y = -x^2$，此方程为一阶线性微分方程，通解为

$$y = e^{-\int \frac{1}{x}dx}\left(\int -x^2 e^{\int \frac{1}{x}dx}dx + C\right)$$

$$= \dfrac{1}{x}\left(\int -x^2 \cdot x\,dx + C\right) = -\dfrac{1}{4}x^3 + \dfrac{C}{x}.$$

把 $y\big|_{x=1}=1$ 代入通解,得 $C=\dfrac{5}{4}$,所以特解为

$y=-\dfrac{1}{4}x^3+\dfrac{5}{4x}$. 故应填 $y=-\dfrac{1}{4}x^3+\dfrac{5}{4x}$.

8. $\dfrac{1}{2}(1+x^2)[\ln(1+x^2)-1]$

点拨:由切线斜率得 $y'=x\ln(1+x^2)$,再积分可得 y.

解:由 $y'=x\ln(1+x^2)$,得 $dy=x\ln(1+x^2)dx$,

等式两端积分,得 $y=\int x\ln(1+x^2)dx=\dfrac{1}{2}(1+x^2)[\ln(1+x^2)-1]+C$,

把 $\left(0,-\dfrac{1}{2}\right)$ 代入上式,得 $C=0$.

所以应填 $\dfrac{1}{2}(1+x^2)[\ln(1+x^2)-1]$.

9. $y=\sqrt{x+1}$

点拨:此题考查可降阶的二阶微分方程.

解:令 $y'=p$, $y''=p\dfrac{dp}{dy}$,则原方程化为

$$p\left(y\dfrac{dp}{dy}+p\right)=0.$$

若 $p=0$,得 $y'=0$,与已知 $y'\big|_{x=0}=\dfrac{1}{2}$ 矛盾,

故 $y\dfrac{dp}{dy}+p=0$. 由分离变量法解得 $p=\dfrac{C_1}{y}$.

把 $\begin{cases}y'\big|_{x=0}=\dfrac{1}{2}\\ y\big|_{x=0}=1\end{cases}$ 代入,得 $C_1=\dfrac{1}{2}$.

再解 $p=\dfrac{1}{2y}$,得 $y^2=x+C_2$,把 $y\big|_{x=0}=1$ 代入,得 $C_2=1$. 所以 $y=\pm\sqrt{x+1}$.

由 $y(0)=1>0$,所以 $y=\sqrt{x+1}$.

所以应填 $y=\sqrt{x+1}$.

10. $(x-4)y^4=Cx$

点拨:此题考查变量可分离方程的求法.

解:分离变量得 $\dfrac{1}{x^2-4x}dx=-\dfrac{dy}{y}$.

等式两端积分,得 $\dfrac{1}{4}\ln\dfrac{x}{x-4}=\ln y+\ln C_1$.

整理得 $(x-4)y^4=Cx$.

所以应填 $(x-4)y^4=Cx$.

11. $y=\dfrac{1}{\arcsin x}\left(x-\dfrac{1}{2}\right)$

点拨:一阶线性微分方程 $y'+P(x)y=Q(x)$ 的通解为

$$y=e^{-\int P(x)dx}\left[\int Q(x)e^{\int P(x)dx}dx+C\right].$$

解:整理方程得

$y'+\dfrac{1}{\sqrt{1-x^2}\arcsin x}y=\dfrac{1}{\arcsin x}$,

此为一阶线性微分方程,求其通解

$y=e^{-\int\frac{1}{\sqrt{1-x^2}\arcsin x}dx}\left(\int\dfrac{1}{\arcsin x}e^{\int\frac{1}{\sqrt{1-x^2}\arcsin x}dx}dx+C\right)$

$=\dfrac{1}{\arcsin x}(x+C)$,

将 $x=\dfrac{1}{2}$,$y=0$ 代入,得 $C=-\dfrac{1}{2}$,所以解得

$y=\dfrac{1}{\arcsin x}\left(x-\dfrac{1}{2}\right)$.

故应填 $y=\dfrac{1}{\arcsin x}\left(x-\dfrac{1}{2}\right)$.

12. $y=C_1e^{-2x}+\left(C_2+\dfrac{1}{4}x\right)e^{2x}$

点拨:非齐次方程的通解=齐次通解+非齐次特解.

解:对应齐次方程的特征方程为 $r^2-4=0$,特征根为 $r=\pm 2$,故齐次方程通解为 $Y=C_1e^{-2x}+C_2e^{2x}$.

设原方程特解为 $y^*=Axe^{2x}$,代入原方程可得 $A=\dfrac{1}{4}$.

因此,原方程的通解为

$y=C_1e^{-2x}+C_2e^{2x}+\dfrac{1}{4}xe^{2x}$,

即 $y=C_1e^{-2x}+\left(C_2+\dfrac{1}{4}x\right)e^{2x}$,

其中 C_1,C_2 为任意常数.

故应填 $y=C_1e^{-2x}+\left(C_2+\dfrac{1}{4}x\right)e^{2x}$.

三、解答题

13. $y=\dfrac{1}{2}x^2-\dfrac{1}{2}$

点拨:此题为齐次方程的初值问题.

解:原方程可化为 $\dfrac{dy}{dx}=\dfrac{y+\sqrt{x^2+y^2}}{x}$,令 $y=xu$,

得 $u+x\dfrac{du}{dx}=u+\sqrt{1+u^2}$,即 $\dfrac{du}{\sqrt{1+u^2}}=\dfrac{dx}{x}$.

解得 $\ln(u+\sqrt{1+u^2})=\ln(Cx)$,其中 $C>0$ 为任意常数,从而 $u+\sqrt{1+u^2}=Cx$,即

$\dfrac{y}{x}+\sqrt{1+\dfrac{y^2}{x^2}}=Cx$,亦即 $y+\sqrt{x^2+y^2}=Cx^2$.

将 $y\big|_{x=1}=0$ 代入,得 $C=1$.

故初值问题的解为 $y+\sqrt{x^2+y^2}=x^2$,化简得 $y=\dfrac{1}{2}x^2-\dfrac{1}{2}$.

14. $f(x)=2(e^x-x)$

点拨:出现变限积分函数,一般做法是求导.

解:由题设条件可知 $f'(x)$ 存在,从而积分 $\displaystyle\int_0^x f(t)dt$ 对上限 x 可导,故 $f'(x)$ 可导.

在所给等式两端同时求导,得微分方程
$$f''(x)=2x+f(x),$$
即
$$f''(x)-f(x)=2x. \qquad ①$$

相应齐次方程的通解为
$$f(x)=C_1 e^x+C_2 e^{-x}.$$

易见 $-2x$ 是微分方程①的一个特解,因此其通解为 $f(x)=C_1 e^x+C_2 e^{-x}-2x$.

由于 $f'(0)=0$,$f(0)=2$,得关于常数 C_1 和 C_2 的方程组 $\begin{cases}C_1-C_2-2=0,\\ C_1+C_2=2,\end{cases}$ 其解为 $C_1=2$,$C_2=0$,

于是得 $f(x)=2(e^x-x)$.

15. $f(x)=(x+1)e^x-1$

点拨:先对等式求导,然后解出 $f(x)$.

解:等式两边对 x 求导,得
$$g[f(x)]f'(x)=2xe^x+x^2 e^x,$$
而 $g[f(x)]=x$,故 $xf'(x)=2xe^x+x^2 e^x$.

当 $x\neq 0$ 时,$f'(x)=2e^x+xe^x$,

积分得 $f(x)=(x+1)e^x+C$.

由于 $f(x)$ 在 $x=0$ 处连续,故由
$$f(0)=\lim_{x\to 0}f(x)=\lim_{x\to 0}[(x+1)e^x+C]=0,$$
得 $C=-1$,因此 $f(x)=(x+1)e^x-1$.

16. $y(x)=\begin{cases}e^{2x}-1, & x\leqslant 1,\\ (1-e^{-2})e^{2x}, & x>1\end{cases}$

点拨:本题 $\varphi(x)$ 为分段函数,相当于求解两个一阶线性微分方程,然后利用连续性和初始条件确定任意常数.应该注意的是,求解 $(-\infty,1)$ 和 $(1,+\infty)$ 内的微分方程应对应不同的任意常数 C_1,C_2,而不能用同一个任意常数 C 表示.

解:当 $x<1$ 时,有 $y'-2y=2$,其通解为
$$y=e^{\int 2dx}\left(\int 2e^{-\int 2dx}dx+C_1\right)$$
$$=e^{2x}\left(\int 2e^{-2x}dx+C_1\right)$$
$$=C_1 e^{2x}-1\ (x<1).$$

由 $y(0)=0$,得 $C_1=1$,所以
$$y=e^{2x}-1\ (x<1).$$

当 $x>1$ 时,有 $y'-2y=0$,其通解为
$$y=C_2 e^{\int 2dx}=C_2 e^{2x}\ (x>1).$$

由 $\displaystyle\lim_{x\to 1^+}C_2 e^{2x}=\lim_{x\to 1^-}(e^{2x}-1)=e^2-1$ 得 $C_2 e^2=e^2-1$,即 $C_2=1-e^{-2}$.

所以 $y=(1-e^{-2})e^{2x}\ (x>1)$.

于是,若补充定义函数值 $y\big|_{x=1}=e^2-1$,则得在 $(-\infty,+\infty)$ 上的连续函数
$$y(x)=\begin{cases}e^{2x}-1, & x\leqslant 1,\\ (1-e^{-2})e^{2x}, & x>1.\end{cases}$$

显然,$y(x)$ 满足题中所要求的全部条件.

17. $f(x)=\dfrac{5}{2}(\ln x+1)$

点拨:出现变限积分函数,等式两边求导.

解:由题意知,等式的每一项都是 x 的可导函数,于是等式两边对 x 求导,得
$$tf(xt)=tf(x)+\int_1^t f(u)du, \qquad ①$$

在①式中,令 $x=1$,由 $f(1)=\dfrac{5}{2}$,得
$$tf(t)=\dfrac{5}{2}t+\int_1^t f(u)du, \qquad ②$$

则 $f(t)$ 是 $(0,+\infty)$ 内的可导函数.

②式两边对 t 求导,得
$$f(t)+tf'(t)=\dfrac{5}{2}+f(t),\text{即}\ f'(t)=\dfrac{5}{2t}.$$

上式两边求积分,得 $f(t)=\dfrac{5}{2}\ln t+C$,由 $f(1)=\dfrac{5}{2}$,得 $C=\dfrac{5}{2}$,于是 $f(x)=\dfrac{5}{2}(\ln x+1)$.

18. $f(x)=C_1\ln x+C_2$(其中 C_1,C_2 为任意常数)

点拨:当 $f(x)$ 满足带变上、下限积分的方程时,为了求解 $f(x)$,一般通过两边求导,去掉变上、下限积分,获得关于 $f(x)$ 的微分方程,然后通过微分方程的方法求 $f(x)$.这种方程一般情况下都可获得初始条件,只要在变上、下限积分中取上、下限一致即可.另外结合导数的应用或定积分的应用,这种带变上、下限积分的方程可能要先根据题意自己建立.

解:曲线 $y=f(x)$ 上点 $(x,f(x))$ 处的切线方程为 $Y-f(x)=f'(x)(X-x)$.

令 $X=0$,得截距 $Y=f(x)-xf'(x)$.

由题意知 $\dfrac{1}{x}\displaystyle\int_0^x f(t)dt=f(x)-xf'(x)$,即

$$\int_0^x f(t)dt=x[f(x)-xf'(x)].$$

上式对 x 求导,化简得 $xf''(x)+f'(x)=0$.

即 $\dfrac{d}{dx}(xf'(x))=0$.积分得 $xf'(x)=C_1$.因此

$$f(x)=C_1\ln x+C_2\text{(其中 }C_1,C_2\text{ 为任意常数).}$$

19. (Ⅰ) $f'(x)=-\dfrac{e^{-x}}{x+1}$

点拨:本题考查了微分方程的求解与证明不等式.应用变上限定积分的求导公式导出微分方程,这是关于 $f(x)$ 的二阶方程,用降阶法得到关于 $f'(x)$ 的一阶方程,解此可分离变量的微分方程得结果.不等式可应用单调性和定积分的性质两种方法给出证明.

解:(Ⅰ)由题设知

$$(x+1)f'(x)+(x+1)f(x)-\int_0^x f(t)dt=0,$$

上式两边对 x 求导,得

$$(x+1)f''(x)=-(x+2)f'(x).$$

设 $u=f'(x)$,则有 $\dfrac{du}{dx}=-\dfrac{x+2}{x+1}u$,解得

$$f'(x)=u=\dfrac{Ce^{-x}}{x+1}.$$

由 $f(0)=1$ 及 $f'(0)+f(0)=0$,知 $f'(0)=-1$,从而 $C=-1$.因此 $f'(x)=-\dfrac{e^{-x}}{x+1}$.

(Ⅱ)**证法一**:当 $x\geqslant 0$ 时,$f'(x)<0$,即 $f(x)$ 单调减少,又 $f(0)=1$,所以 $f(x)\leqslant f(0)=1$.

设 $\varphi(x)=f(x)-e^{-x}$,则

$$\varphi(0)=0,\varphi'(x)=f'(x)+e^{-x}=\dfrac{x}{x+1}e^{-x}.$$

当 $x\geqslant 0$ 时,$\varphi'(x)\geqslant 0$,即 $\varphi(x)$ 单调增加,因而 $\varphi(x)\geqslant\varphi(0)$,即有 $f(x)\geqslant e^{-x}$.

综上所述,当 $x\geqslant 0$ 时,$e^{-x}\leqslant f(x)\leqslant 1$ 成立.

证法二:由于

$$\int_0^x f'(t)dt=f(x)-f(0)=f(x)-1,\text{所以}$$

$$f(x)-1=-\int_0^x\dfrac{e^{-t}}{t+1}dt.$$

注意到当 $x\geqslant 0$ 时,

$$0\leqslant\int_0^x\dfrac{e^{-t}}{t+1}dt\leqslant\int_0^x e^{-t}dt=1-e^{-x}.$$

因而,$e^{-x}\leqslant f(x)\leqslant 1$.

20. (Ⅰ) $t=\varphi^2(y)-4$ (Ⅱ) $x=2e^{\frac{\pi}{6}y}$

点拨:此题考查微积分在物理中的应用.

解:(Ⅰ)设在 t 时刻,液面的高度为 y,则由题设知此液面的面积为 $\pi\varphi^2(y)=4\pi+\pi t$,从而

$$t=\varphi^2(y)-4.$$

(Ⅱ)液面的高度为 y 时,液体的体积为

$$\pi\int_0^y\varphi^2(u)du=3t=3\varphi^2(y)-12.$$

上式两边对 y 求导,得 $\pi\varphi^2(y)=6\varphi(y)\varphi'(y)$,即

$$\pi\varphi(y)=6\varphi'(y).$$

解此微分方程,得 $\varphi(y)=Ce^{\frac{\pi}{6}y}$,其中 C 为任意常数,由 $\varphi(0)=2$,知 $C=2$,故所求曲线方程为 $x=2e^{\frac{\pi}{6}y}$.

上册期末同步测试

(A)卷参考答案及点拨

一、选择题

1. (A)

点拨：此题考查原函数的性质.

解：用排除法

对于(B)，取 $f(x)=\cos x+1$ 为偶函数，则 $F(x)=\sin x+x+1$ 为 $f(x)$ 的一个原函数，但 $F(x)$ 不是奇函数，于是排除(B).

对于(C)，令 $f(x)=|\sin x|$，则 $f(x)$ 是周期函数，且 $f(x)$ 的一个原函数是

$$F(x)=\begin{cases}1-\cos x, & \sin x>0,\\ 1+\cos x, & \sin x<0,\end{cases}$$

而 $F(x)$ 不是周期函数，故排除(C).

对于(D)，令 $f(x)=2x$，显然 $f(x)$ 为单调函数，但 $f(x)$ 的原函数 $F(x)=x^2$ 不是单调函数，因此排除(D). 故应选(A).

2. (D)

点拨：本题是已知微分方程的通解，反求微分方程的形式，一般应先根据通解的形式分析出特征值，然后从特征方程入手.

解：由 $y=C_1 e^x+C_2\cos 2x+C_3\sin 2x$ 可知其特征根为 $\lambda_1=1, \lambda_{2,3}=\pm 2i$. 故对应的特征方程为

$(\lambda-1)(\lambda+2i)(\lambda-2i)=(\lambda-1)(\lambda^2+4)$
$=\lambda^3+4\lambda-\lambda^2-4=\lambda^3-\lambda^2+4\lambda-4$,

所以所求微分方程为 $y'''-y''+4y'-4y=0$.

故应选(D).

3. (B)

点拨：此题考查极值点的判断.

解：由方程 $xf''(x)+3x[f'(x)]^2=1-e^{-x}$ 得

$f''(x)=\dfrac{1-e^{-x}}{x}-3[f'(x)]^2$，则

$f''(x_0)=\dfrac{1-e^{-x_0}}{x_0}-3[f'(x_0)]^2=\dfrac{1-e^{-x_0}}{x_0}>0$，

所以 $f(x)$ 在 x_0 取得极小值.

故应选(B).

4. (C)

点拨：此题考查根据图形判断极值点.

解：根据导函数的图形可知，一阶导数为零的点有 3 个，而 $x=0$ 则是导数不存在的点. 3 个一阶导数为零的点左右两侧导数符号不一致，必为极值点，且 2 个是极小值点，1 个是极大值点. 在 $x=0$ 左侧一阶导数为正，右侧一阶导数为负，可见 $x=0$ 为极大值点. 故 $f(x)$ 共有 2 个极小值点和 2 个极大值点. 故应选(C).

5. (C)

点拨：首先求出函数的间断点，然后求 x 趋近各间断点时 $f(x)$ 的极限即可得结果.

解：$f(x)$ 的间断点为 $x=0, x=\pm 1, \pm 2, \cdots$，而当 $x=0, x=\pm 1$ 时，$x-x^3=0$，又

$\lim\limits_{x\to 0}f(x)=\lim\limits_{x\to 0}\dfrac{x-x^3}{\sin \pi x}=\lim\limits_{x\to 0}\dfrac{1-3x^2}{\pi\cos \pi x}=\dfrac{1}{\pi}$,

$\lim\limits_{x\to -1}f(x)=\lim\limits_{x\to -1}\dfrac{x-x^3}{\sin \pi x}=\lim\limits_{x\to -1}\dfrac{1-3x^2}{\pi\cos \pi x}=\dfrac{2}{\pi}$,

$\lim\limits_{x\to 1}f(x)=\lim\limits_{x\to 1}\dfrac{x-x^3}{\sin \pi x}=\lim\limits_{x\to 1}\dfrac{1-3x^2}{\pi\cos \pi x}=\dfrac{2}{\pi}$,

$\lim\limits_{x\to n}f(x)=\lim\limits_{x\to n}\dfrac{x-x^3}{\sin \pi x}=\infty, n=\pm 2,\pm 3,\cdots$,

则 $x=0, x=\pm 1$ 为 $f(x)$ 的可去间断点，其余均为无穷间断点. 故应选(C).

6. (A)

点拨：含有绝对值的函数应作为分段函数对待，因此函数在分段点的导数应按导数定义，通过左、右导数进行分析.

$f(x)$ 在 $x=x_0$ 处可导的充要条件是左、右导数存在且相等.

解:
$$F(x)=\begin{cases} f(x)(1-\sin x), & -\frac{\pi}{2}<x<0,\\ f(0), & x=0,\\ f(x)(1+\sin x), & 0<x<\frac{\pi}{2}, \end{cases}$$

$F'_-(0)=\lim\limits_{x\to 0^-}\dfrac{f(x)(1-\sin x)-f(0)}{x}$
$=\lim\limits_{x\to 0^-}\dfrac{f(x)-f(0)}{x}-\lim\limits_{x\to 0^-}f(x)\cdot\dfrac{\sin x}{x}$
$=f'(0)-f(0),$

$F'_+(0)=\lim\limits_{x\to 0^+}\dfrac{f(x)(1+\sin x)-f(0)}{x}$
$=\lim\limits_{x\to 0^+}\dfrac{f(x)-f(0)}{x}+\lim\limits_{x\to 0^+}f(x)\cdot\dfrac{\sin x}{x}$
$=f'(0)+f(0).$

$F(x)$ 在 $x=0$ 可导,则 $F'_-(0)=F'_+(0)$,所以 $f(0)=0$. 故应选(A).

二、填空题

7. $\sin x^2$

点拨: 先用换元法,化简被积函数,然后再求导.

解: $\displaystyle\int_0^x \sin(x-t)^2 dt \xrightarrow{x-t=u} \int_x^0 \sin u^2(-du)$
$=\displaystyle\int_0^x \sin u^2 du.$

故原式 $=\dfrac{d}{dx}\displaystyle\int_0^x \sin u^2 du=\sin x^2$.

故应填 $\sin x^2$.

8. $y=\dfrac{1}{3}x\ln x-\dfrac{1}{9}x$

点拨: 一阶线性微分方程 $y'+P(x)y=Q(x)$ 的通解为
$y=e^{-\int P(x)dx}\cdot\left[\int Q(x)e^{\int P(x)dx}dx+C\right].$

解: 原方程可以写成
$y'+\dfrac{2}{x}y=\ln x$,(一阶线性微分方程)
所以,通解为
$y=e^{-\int\frac{2}{x}dx}\left(C+\int \ln x\cdot e^{\int\frac{2}{x}dx}dx\right)$
$=\dfrac{1}{x^2}\left(C+\int x^2\ln x dx\right)$

$=\dfrac{1}{x^2}\left(C+\dfrac{1}{3}\int \ln x dx^3\right)$
$=\dfrac{1}{x^2}\left[C+\dfrac{1}{3}\left(x^3\ln x-\int x^2 dx\right)\right]$
$=\dfrac{C}{x^2}+\dfrac{1}{3}x\ln x-\dfrac{1}{9}x.$

由初始条件 $y(1)=-\dfrac{1}{9}$,得 $-\dfrac{1}{9}=C-\dfrac{1}{9}$,即 $C=0$.

所以,所求的解为 $y=\dfrac{1}{3}x\ln x-\dfrac{1}{9}x$.

9. $y=\dfrac{1}{2}x-\dfrac{1}{4}$

点拨: 曲线的斜渐近线 $y=ax+b$,$a=\lim\limits_{x\to\infty}\dfrac{f(x)}{x}$,$b=\lim\limits_{x\to\infty}[f(x)-ax]$.

解: 设 $y=ax+b$ 为曲线的斜渐近线,则
$a=\lim\limits_{x\to\infty}\dfrac{f(x)}{x}=\lim\limits_{x\to\infty}\dfrac{x^2}{(2x+1)x}=\dfrac{1}{2}$,

$b=\lim\limits_{x\to\infty}[f(x)-ax]=\lim\limits_{x\to\infty}\left(\dfrac{x^2}{2x+1}-\dfrac{1}{2}x\right)$
$=\lim\limits_{x\to\infty}\dfrac{-x}{2(2x+1)}=-\dfrac{1}{4}$.

所以斜渐近方程为 $y=\dfrac{1}{2}x-\dfrac{1}{4}$.

故应填 $y=\dfrac{1}{2}x-\dfrac{1}{4}$.

10. $\dfrac{5}{32}$

点拨: 此题考查复合函数求导.

解: $y'=\dfrac{1+\dfrac{2x}{2\sqrt{1+x^2}}}{x+\sqrt{1+x^2}}=\dfrac{1}{\sqrt{1+x^2}}=(1+x^2)^{-\frac{1}{2}}$,

$y''=-\dfrac{1}{2}(1+x^2)^{-\frac{3}{2}}\cdot 2x=-x(1+x^2)^{-\frac{3}{2}}$,

$y'''=-(1+x^2)^{-\frac{3}{2}}-x\left(-\dfrac{3}{2}\right)(1+x^2)^{-\frac{5}{2}}\cdot 2x$
$=-\dfrac{1}{\sqrt{(1+x^2)^3}}+3\cdot\dfrac{x^2}{\sqrt{(1+x^2)^5}}$.

$y'''\big|_{x=\sqrt{3}}=\dfrac{5}{32}$.

故应填 $\dfrac{5}{32}$.

11. $\dfrac{\pi^2}{4}$

点拨：对称区间上的函数积分,先判断被积函数的奇偶性.

解：由于$\dfrac{\sin x}{1+\cos^2 x}$为奇函数,$|x|$为偶函数,而积分区间$\left[-\dfrac{\pi}{2},\dfrac{\pi}{2}\right]$关于原点对称,于是根据奇偶函数的积分性质,得

$$\int_{-\frac{\pi}{2}}^{\frac{\pi}{2}}\left(\dfrac{\sin x}{1+\cos^2 x}+|x|\right)dx=0+2\int_{0}^{\frac{\pi}{2}}|x|dx=2\int_{0}^{\frac{\pi}{2}}xdx=x^2\bigg|_{0}^{\frac{\pi}{2}}=\dfrac{\pi^2}{4}.$$

故应填$\dfrac{\pi^2}{4}$.

12. $\dfrac{2\sqrt{2}}{\pi}$

点拨：此题考查定积分定义.

$$\lim_{n\to\infty}\dfrac{1}{n}\sum_{i=1}^{n}f\left(\dfrac{i}{n}\right)=\int_{0}^{1}f(x)dx.$$

解：原式$=\lim\limits_{n\to\infty}\dfrac{1}{n}\sum\limits_{i=1}^{n}\sqrt{1+\cos\dfrac{\pi i}{n}}$

$=\int_{0}^{1}\sqrt{1+\cos\pi x}\,dx=\int_{0}^{1}\sqrt{2\cos^2\dfrac{\pi x}{2}}\,dx$

$=\sqrt{2}\int_{0}^{1}\cos\dfrac{\pi x}{2}dx=\dfrac{2\sqrt{2}}{\pi}\sin\dfrac{\pi x}{2}\bigg|_{0}^{1}$

$=\dfrac{2\sqrt{2}}{\pi}$.

故应填$\dfrac{2\sqrt{2}}{\pi}$.

三、解答题

13. **点拨**：证明存在一点ξ,使$f''(\xi)=0$,一般要用两次中值定理.

证明：因为$f(x)$在$[0,c]$上满足拉格朗日中值定理的条件,故存在$\xi_1\in(0,c)$,使

$$f'(\xi_1)=\dfrac{f(c)-f(0)}{c-0},$$

由于点C在弦AB上,故有

$$\dfrac{f(c)-f(0)}{c-0}=\dfrac{f(1)-f(0)}{1-0}=f(1)-f(0),$$

从而$f'(\xi_1)=f(1)-f(0)$.

同理可证,存在$\xi_2\in(c,1)$,使$f'(\xi_2)=f(1)-f(0)$.

由$f'(\xi_1)=f'(\xi_2)$知,在$[\xi_1,\xi_2]$上,$f'(x)$满足罗尔定理的条件,所以存在$\xi\in(\xi_1,\xi_2)\subset(0,1)$,使得$f''(\xi)=0$.

14. （Ⅰ）当$t\geq 0$时曲线L是凸的;

（Ⅱ）$y=x+1$;

（Ⅲ）$S=\dfrac{7}{3}$.

点拨：（Ⅰ）利用二阶导数符号判断曲线凹凸;

（Ⅱ）先利用$(-1,0)$在切线上写出切线方程,然后根据曲线方程求出切点;

（Ⅲ）利用定积分计算平面图形的面积.

解法一：（Ⅰ）因为$\dfrac{dx}{dt}=2t,\dfrac{dy}{dt}=4-2t$,则

$$\dfrac{dy}{dx}=\dfrac{\dfrac{dy}{dt}}{\dfrac{dx}{dt}}=\dfrac{4-2t}{2t}=\dfrac{2}{t}-1,且$$

$$\dfrac{d^2y}{dx^2}=\dfrac{d}{dt}\left(\dfrac{dy}{dx}\right)\cdot\dfrac{1}{\dfrac{dx}{dt}}$$

$$=\left(-\dfrac{2}{t^2}\cdot\dfrac{1}{2t}\right)=-\dfrac{1}{t^3}<0(t>0),$$

故当$t\geq 0$时曲线L是凸的.

（Ⅱ）由(Ⅰ)知,过点$(-1,0)$的切线方程为

$$y-0=\left(\dfrac{2}{t}-1\right)(x+1),$$

设$x_0=t_0^2+1,y_0=4t_0-t_0^2$,

则$4t_0-t_0^2=\left(\dfrac{2}{t_0}-1\right)(t_0^2+2)$,

即$4t_0^2-t_0^3=(2-t_0)(t_0^2+2)$,

整理得$t_0^2+t_0-2=0$,所以$(t_0-1)(t_0+2)=0$,

则$t_0=1$或$t_0=-2$(舍去).

将$t_0=1$代入参数方程,得切点为$(2,3)$,故切线方程为$y-3=\left(\dfrac{2}{1}-1\right)(x-2)$,即$y=x+1$.

（Ⅲ）设L的方程为$x=g(y)$,由题设可知,所求平面图形如图(a)-1所示,其中各点坐标为

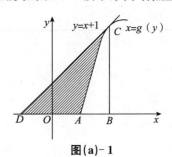

图(a)-1

$A(1,0), B(2,0), C(2,3), D(-1,0)$,则

$S=\int_0^3 [g(y)-(y-1)]dy$,

由参数方程可得 $t=2\pm\sqrt{4-y}$,即

$x=(2\pm\sqrt{4-y})^2+1$.

由于 $(2,3)$ 在 L 上,则

$x=g(y)=(2-\sqrt{4-y})^2+1$

$\quad = 9-y-4\sqrt{4-y}$.

于是

$S=\int_0^3 [9-y-4\sqrt{4-y}-(y-1)]dy$

$\quad = \int_0^3 (10-2y)dy - 4\int_0^3 \sqrt{4-y}dy$

$\quad = (10y-y^2)\Big|_0^3 + \frac{8}{3}(4-y)^{\frac{3}{2}}\Big|_0^3 = \frac{7}{3}$.

解法二:(Ⅰ)将曲线方程写成 $y=y(x)$.

由 $t=\sqrt{x-1}(x\geqslant 1)$ 代入 y,得

$\qquad y=4\sqrt{x-1}-x+1$.

于是

$\dfrac{dy}{dx}=\dfrac{2}{\sqrt{x-1}}-1, \dfrac{d^2y}{dx^2}=-(x-1)^{-\frac{3}{2}}<0(x>1)$.

所以,曲线 L 是凸的.

(Ⅱ)L 上任意点 (x_0, y_0) 处的切线方程是

$y-y_0 = \left(\dfrac{2}{\sqrt{x_0-1}}-1\right)(x-x_0)$,

其中 $x_0>1$ ($x_0=1$ 时不合题意),由于 $(-1,0)$ 在切线上,令 $x=-1, y=0$,得

$-4\sqrt{x_0-1}+x_0-1 = \left(\dfrac{2}{\sqrt{x_0-1}}-1\right)(-1-x_0)$,

令 $t_0=\sqrt{x_0-1}$,得 $-4t_0+t_0^2 = \left(\dfrac{2}{t_0}-1\right)(-2-t_0^2)$,

得 $t_0=1$.

其余同解法一.

(Ⅲ)所求平面图形的面积记为 S,则

$S=\dfrac{1}{2}\cdot 3\cdot 3 - \int_1^2 y(x)dx$

$\quad = \dfrac{9}{2} - \int_0^1 (4t-t^2)\cdot 2t dt = \dfrac{9}{2} - \left(\dfrac{8}{3}-\dfrac{2}{4}\right)$

$\quad = \dfrac{7}{3}$.

15. $-\dfrac{1}{2}\left(\arctan\dfrac{1}{x}\right)^2 + C$

点拨:此题考查不定积分的求法

解法一:$\displaystyle\int \dfrac{\arctan\dfrac{1}{x}}{1+x^2}dx = \int \dfrac{\arctan\dfrac{1}{x}dx}{\left[1+\left(\dfrac{1}{x}\right)^2\right]x^2}$

$= -\displaystyle\int \arctan\dfrac{1}{x} d\left(\arctan\dfrac{1}{x}\right)$

$= -\dfrac{1}{2}\left(\arctan\dfrac{1}{x}\right)^2 + C$.

解法二:利用分部积分法计算.

$\displaystyle\int \dfrac{\arctan\dfrac{1}{x}}{1+x^2}dx = \int \arctan\dfrac{1}{x} d(\arctan x)$

$= \arctan\dfrac{1}{x}\cdot \arctan x -$

$\displaystyle\int \arctan x \dfrac{1}{1+\left(\dfrac{1}{x}\right)^2}\left(-\dfrac{1}{x^2}\right)dx$

$= \arctan\dfrac{1}{x}\cdot \arctan x + \displaystyle\int \dfrac{\arctan x}{1+x^2}dx$

$= \arctan\dfrac{1}{x}\cdot \arctan x + \displaystyle\int \arctan x d(\arctan x)$

$= \arctan\dfrac{1}{x}\cdot \arctan x + \dfrac{1}{2}(\arctan x)^2 + C$.

16. $a=\dfrac{1}{3}, b=\ln 3 - 1$

点拨:此题首先求出 I,然后再求出 $I(x)$,然后求最值.

解:如图(a)-2 所示. 首先

$I = \displaystyle\int_2^4 (ax+b-\ln x)dx = 6a+2b-\int_2^4 \ln x dx$

$\quad = 6a+2b-A \left(A=\displaystyle\int_2^4 \ln x dx\ \text{是常数}\right)$.

其次,设直线 $y_1=ax+b$ 与曲线 $y_2=\ln x$ 相切于点 $P(x,y)$,则有

$\begin{cases} ax+b=\ln x, \\ a=\dfrac{1}{x}, \end{cases}$ 于是 $\begin{cases} a=\dfrac{1}{x}, \\ b=\ln x - 1. \end{cases}$

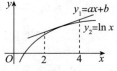

图(a)-2

将上式代入 I 的表达式,得

$$I=I(x)=\frac{6}{x}+2\ln x-A-2, x\in[2,4],$$ 于是

$$I'(x)=-\frac{6}{x^2}+\frac{2}{x}=\frac{-6+2x}{x^2}.$$

令 $I'(x)=0$,得唯一驻点 $x=3$,又当 $2<x<3$ 时,$I'(x)<0$;当 $3<x<4$ 时,$I'(x)>0$,故 $x=3$ 为 $I(x)$ 的最小值点,此时 $a=\frac{1}{3}, b=\ln 3-1$.

17. $F(x)=\begin{cases}\frac{1}{2}x^3+x^2-\frac{1}{2}, & -1\leqslant x<0,\\ \ln\frac{e^x}{e^x+1}-\frac{x}{e^x+1}+\ln 2-\frac{1}{2}, & 0\leqslant x\leqslant 1.\end{cases}$

点拨:本题考查分段函数变上限定积分表达式的计算方法.

注意到 $F(x)$ 的定义域为 $[-1,1]$,所以 $[-1,1]$ 之外不需进行计算.当 $0\leqslant x\leqslant 1$ 时,$F(x)$ 应为 $\int_{-1}^{x}f(t)\mathrm{d}t$,直接写成 $F(x)=\int_{-1}^{x}\frac{t\mathrm{e}^t}{(\mathrm{e}^t+1)^2}\mathrm{d}t$ 是错误的.

解:当 $-1\leqslant x<0$ 时,

$$F(x)=\int_{-1}^{x}\left(2t+\frac{3}{2}t^2\right)\mathrm{d}t=\left(t^2+\frac{1}{2}t^3\right)\Big|_{-1}^{x}$$
$$=\frac{1}{2}x^3+x^2-\frac{1}{2};$$

当 $0\leqslant x\leqslant 1$ 时,

$$F(x)=\int_{-1}^{x}f(t)\mathrm{d}t=\int_{-1}^{0}f(t)\mathrm{d}t+\int_{0}^{x}f(t)\mathrm{d}t$$
$$=\left(t^2+\frac{1}{2}t^3\right)\Big|_{-1}^{0}+\int_{0}^{x}\frac{t\mathrm{e}^t}{(\mathrm{e}^t+1)^2}\mathrm{d}t$$
$$=-\frac{1}{2}-\int_{0}^{x}t\mathrm{d}\left(\frac{1}{\mathrm{e}^t+1}\right)$$
$$=-\frac{1}{2}-\frac{t}{\mathrm{e}^t+1}\Big|_{0}^{x}+\int_{0}^{x}\frac{\mathrm{d}t}{\mathrm{e}^t+1}$$
$$=-\frac{1}{2}-\frac{x}{\mathrm{e}^x+1}+\int_{0}^{x}\frac{\mathrm{d}\mathrm{e}^t}{\mathrm{e}^t(\mathrm{e}^t+1)}$$
$$=-\frac{1}{2}-\frac{x}{\mathrm{e}^x+1}+\ln\frac{\mathrm{e}^t}{\mathrm{e}^t+1}\Big|_{0}^{x}$$
$$=-\frac{1}{2}-\frac{x}{\mathrm{e}^x+1}+\ln\frac{\mathrm{e}^x}{\mathrm{e}^x+1}+\ln 2.$$

所以

$$F(x)=\begin{cases}\frac{1}{2}x^3+x^2-\frac{1}{2}, & -1\leqslant x<0,\\ \ln\frac{\mathrm{e}^x}{\mathrm{e}^x+1}-\frac{x}{\mathrm{e}^x+1}+\ln 2-\frac{1}{2}, & 0\leqslant x\leqslant 1.\end{cases}$$

18. $f(x)=\frac{1}{2}(\mathrm{e}^x+\mathrm{e}^{-x})$

点拨:此题由定积分的几何应用建立方程,解方程即可.

解:旋转体的体积 $V=\pi\int_{0}^{t}f^2(x)\mathrm{d}x$.

侧面积 $S=2\pi\int_{0}^{t}f(x)\sqrt{1+f'^2(x)}\mathrm{d}x$.

由题设条件知

$$\int_{0}^{t}f^2(x)\mathrm{d}x=\int_{0}^{t}f(x)\sqrt{1+f'^2(x)}\mathrm{d}x.$$

上式两端对 t 求导,得

$$f^2(t)=f(t)\sqrt{1+f'^2(t)},$$

即 $y=\sqrt{1+y'^2}$,从而有 $y'=\sqrt{y^2-1}$.

由分离变量法解得

$$\ln(y+\sqrt{y^2-1})=t+C_1,$$

即 $y+\sqrt{y^2-1}=C\mathrm{e}^t$,将 $y(0)=1$ 代入,知 $C=1$.

故 $y+\sqrt{y^2-1}=\mathrm{e}^t$,即 $y=\frac{1}{2}(\mathrm{e}^t+\mathrm{e}^{-t})$.

于是所求函数为 $f(x)=\frac{1}{2}(\mathrm{e}^x+\mathrm{e}^{-x})$.

19. $y=\begin{cases}\sqrt{\pi^2-x^2}, & -\pi<x<0,\\ \pi\cos x+\sin x-x, & 0\leqslant x<\pi.\end{cases}$

点拨:本题的关键是求出函数 $y(x)$ 在 $(-\pi,0)$ 与 $[0,\pi)$ 上满足的微分方程的通解.

(1)在 $(-\pi,0)$ 上,题中给出了曲线的法线特点,如何将它表达成微分方程的形式是解题的关键,需要对法线方程的表达式熟练掌握.

(2)由于 $y(x)$ 满足的微分方程是分段给出的,在利用可导性与连续性确定常数时,只能使用定义.

解:①$(-\pi,0)$ 上的曲线求特解.

由于曲线上任一点处的法线都过原点,所以曲线的法线为 $y=-\frac{x}{y}$,即 $y\mathrm{d}y=-x\mathrm{d}x$,积分得 $y^2=-x^2+C$,从而有 $x^2+y^2=\pi^2$.

又因曲线过点 $\left(-\frac{\pi}{\sqrt{2}},\frac{\pi}{\sqrt{2}}\right)$,所以 $y=\sqrt{\pi^2-x^2}$.

②对曲线在 $[0,\pi)$ 上求通解.

由于函数在 $[0,\pi)$ 上满足非齐次微分方程,

所以先求对应的齐次方程 $y''+y=0$ 的通解,易知为 $y^*=C_1\cos x+C_2\sin x$.

设 $y''+y+x=0$ 的特解为 $Y=ax+b$,则有 $0+ax+b+x=0$,得 $a=-1,b=0$,故 $Y=-x$,

所以 $y''+y+x=0$ 的通解为
$$y=C_1\cos x+C_2\sin x-x.$$

③根据 $y=y(x)$ 的光滑性求②中通解的常数.

由于 $y=y(x)$ 是 $(-\pi,\pi)$ 内的光滑曲线,故 y 在 $x=0$ 处连续,在 $x=0$ 处可导.

于是由连续得 $y_-(0)=y_+(0)$,故 $C_1=\pi$.

又由可导得 $y'_-(0)=y'_+(0)$.

而 $y'_-(0)=(\sqrt{\pi^2-x^2})'\big|_{x=0}=0$,

$y'_+(0)=(-C_1\sin x+C_2\cos x-1)\big|_{x=0}=C_2-1$,

所以 $C_2-1=0$,即 $C_2=1$.

故 $y=y(x)$ 的表达式为

$$y=\begin{cases}\sqrt{\pi^2-x^2}, & -\pi<x<0,\\ \pi\cos x+\sin x-x, & 0\le x<\pi.\end{cases}$$

20. $x=\varphi(y)=\ln y+\dfrac{1}{2y}-\dfrac{1}{2}$

点拨:此题考查定积分的应用及变限积分求导.

解:由题设 $S_1(x)=S_2(y)$,知
$$\int_0^x\left[e^t-\dfrac{1}{2}(1+e^t)\right]dt=\int_1^y[\ln s-\varphi(s)]ds,$$
即 $\int_0^x\left(\dfrac{1}{2}e^t-\dfrac{1}{2}\right)dt=\int_1^y[\ln s-\varphi(s)]ds$.

两边对 x 求导,得
$$\dfrac{1}{2}e^x-\dfrac{1}{2}=[\ln y-\varphi(y)]\dfrac{dy}{dx},$$

由 $y=e^x$,得 $\dfrac{1}{2}e^x-\dfrac{1}{2}=[x-\varphi(e^x)]e^x$,

于是 $\varphi(e^x)=x+\dfrac{1}{2e^x}-\dfrac{1}{2}$,

从而 $\varphi(y)=\ln y+\dfrac{1}{2y}-\dfrac{1}{2}$.

故曲线 C_3 的方程为 $x=\ln y+\dfrac{1}{2y}-\dfrac{1}{2}$.

(B)卷参考答案及点拨

一、选择题

1. (A)

点拨:积分上下限中如含有关于 x 的函数,则变限函数的求导实际应为复合函数的求导.常用公式为 $\left[\int_{\varphi(x)}^{\psi(x)}f(t)dt\right]'=f[\psi(x)]\cdot\psi'(x)-f[\varphi(x)]\cdot\varphi'(x)$.

解: $F'(x)=f(\ln x)\cdot\dfrac{1}{x}-f\left(\dfrac{1}{x}\right)\cdot\left(-\dfrac{1}{x^2}\right)$
$=\dfrac{1}{x}f(\ln x)+\dfrac{1}{x^2}f\left(\dfrac{1}{x}\right)$.

故应选(A).

2. (A)

点拨:先求间断点,再利用函数在间断点处的极限即可判断.

解:当 $x=0$ 时, $f(x)$ 无定义,当 $x=1$ 时,分母 $|x-1|=0$,因此, $f(x)$ 有 2 个间断点. 而
$$\lim_{x\to 0}f(x)=0,\lim_{x\to 1^+}f(x)=\sin 1,$$
$$\lim_{x\to 1^-}f(x)=-\sin 1,$$

因此, $x=0$ 为可去间断点, $x=1$ 为跳跃间断点.故应选(A).

3. (C)

点拨:先求 $f(x)$ 的表达式,然后再判断可导性.

解:先求 $f(x)$ 的表达式.

$\lim\limits_{n\to\infty}\sqrt[n]{1+|x|^{3n}}=\lim\limits_{n\to\infty}(1+|x|^{3n})^{\frac{1}{n}}=1^0=1(|x|<1)$,

$\lim\limits_{n\to\infty}\sqrt[n]{1+|x|^{3n}}=\lim\limits_{n\to\infty}(1+1)^{\frac{1}{n}}=2^0=1(|x|=1)$,

$\lim\limits_{n\to\infty}\sqrt[n]{1+|x|^{3n}}=|x|^3\lim\limits_{n\to\infty}\left(1+\dfrac{1}{|x|^{3n}}\right)^{\frac{1}{n}}=|x|^3(|x|>1)$.

因此, $f(x)=\begin{cases}1, & |x|\le 1,\\ |x|^3, & |x|>1.\end{cases}$

由 $y=f(x)$ 的表达式及它的函数图形(图(b)-1

可知,$f(x)$在$x=\pm 1$处不可导(图形是尖点),其余点$f(x)$均可导.因此选(C).

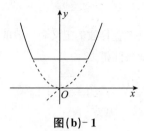

图(b)-1

4. (D)

点拨:此题考查原函数的求解.

解:由题意,$F(x)=\int\dfrac{\mathrm{d}x}{\sqrt{1-x^2}}=\arcsin x+C$,

又$F(1)=\dfrac{3}{2}\pi$,则$\arcsin 1+C=\dfrac{3}{2}\pi$,即$C=\pi$,

从而$F(x)=\arcsin x+\pi$.故应选(D).

5. (A)

点拨:此题考查洛必达法则及等价无穷小量的定义.

解:由题设知$\lim\limits_{x\to 0}\dfrac{x-\sin ax}{x^2\ln(1-bx)}=1$,

又$\lim\limits_{x\to 0}\dfrac{x-\sin ax}{x^2\ln(1-bx)}=\lim\limits_{x\to 0}\dfrac{x-\sin ax}{-bx^3}$

$=\lim\limits_{x\to 0}\dfrac{1-a\cos ax}{-3bx^2}$

$=\lim\limits_{x\to 0}\dfrac{1-\cos x}{-3bx^2}(a=1$ 否则与题设矛盾$)$

$=\lim\limits_{x\to 0}\dfrac{\frac{1}{2}x^2}{-3bx^2}=-\dfrac{1}{6b}=1$,

则$b=-\dfrac{1}{6}$.故应选(A).

6. (A)

点拨:此题考查线性微分方程的解的结构性质.

解:因y_1,y_2是$y'+p(x)y=q(x)$的两个特解,由解的性质知,要使$\lambda y_1+\mu y_2$是$y'+p(x)y=q(x)$的解,则必有$\lambda+\mu=1$;要使$\lambda y_1-\mu y_2$是$y'+p(x)y=0$的解,则必有$\lambda=\mu$,解得$\lambda=\mu=\dfrac{1}{2}$,故应选(A).

二、填空题

7. 1

点拨:凡已知函数可导或在某一点可导求比式的极限时,一般考虑用导数的定义.若已知$f(x)$在点x_0处可导,则比式的极限

$\lim\limits_{\Delta x\to\infty}\dfrac{f(x_0+\Delta x)-f(x_0)}{\Delta x}\dfrac{存在}{且}f'(x_0)$或比式的极限$\lim\limits_{\Delta x\to\infty}\dfrac{f(x)-f(x_0)}{x-x_0}\dfrac{存在}{且}f'(x_0)$.问题的关键是将所求比式的极限转化为上述其中的一种形式.注意到自变量改变量Δx的表达形式多样性即可.(注:当函数连续可导时,用洛必达法则求解这类极限更方便).

解:原式

$=\lim\limits_{x\to 0}\dfrac{1}{-2\cdot\dfrac{f(x_0-2x)-f(x_0)}{-2x}+\dfrac{f(x_0-x)-f(x_0)}{-x}}$

$=\dfrac{1}{-2f'(x_0)+f'(x_0)}=-\dfrac{1}{f'(x_0)}=1$.

故应填1.

8. $y=2x+1$

点拨:斜渐近线$y=ax+b$,

$a=\lim\limits_{x\to\infty}\dfrac{f(x)}{x}$,

$b=\lim\limits_{x\to\infty}[f(x)-ax]$.

解:由于$\lim\limits_{x\to\infty}\dfrac{f(x)}{x}=\lim\limits_{x\to\infty}\dfrac{(2x-1)\mathrm{e}^{\frac{1}{x}}}{x}=2$.

$\lim\limits_{x\to\infty}[f(x)-ax]=\lim\limits_{x\to\infty}[(2x-1)\mathrm{e}^{\frac{1}{x}}-2x]$

$\xlongequal{t=\frac{1}{x}}\lim\limits_{t\to 0}\dfrac{(2-t)\mathrm{e}^t-2}{t}$

$\xlongequal{\frac{0}{0}}\lim\limits_{t\to 0}\dfrac{-\mathrm{e}^t+(2-t)\mathrm{e}^t}{1}$

$=\lim\limits_{t\to 0}(1-t)\mathrm{e}^t=1$,

所以曲线的斜渐近线方程为$y=2x+1$.
故应填$y=2x+1$.

9. 2

点拨:左端极限为重要极限,右端为无穷限积分.

解:左端$=\left[\lim\limits_{x\to\infty}\left(\dfrac{1+x}{x}\right)^x\right]^a=\mathrm{e}^a$,

右端$=\int_{-\infty}^a t\mathrm{d}\mathrm{e}^t=t\mathrm{e}^t\Big|_{-\infty}^a-\int_{-\infty}^a\mathrm{e}^t\mathrm{d}t$

$=a\mathrm{e}^a-\mathrm{e}^t\Big|_{-\infty}^a=a\mathrm{e}^a-\mathrm{e}^a=(a-1)\mathrm{e}^a$.

由 $e^a=(a-1)e^a$,得 $a=2$. 故应填 2.

10. $y''-2y'+2y=0$

点拨:先求特征方程,再写出微分方程.

解:由通解形式知该微分方程的特征根为 $r=1\pm i$,从而特征方程为 $r^2-2r+2=0$,微分方程应为 $y''-2y'+2y=0$. 所以应填 $y''-2y'+2y=0$.

11. $\ln\dfrac{3}{2}+\dfrac{5}{12}$

点拨:弧长 $S=\int_a^b\sqrt{\rho^2+\rho'^2}\,d\theta$.

解:$S=\int_{\frac{3}{4}}^{\frac{4}{3}}\sqrt{\rho^2+\rho'^2}\,d\theta=\int_{\frac{3}{4}}^{\frac{4}{3}}\dfrac{\sqrt{1+\theta^2}}{\theta^2}\,d\theta$

$=-\int_{\frac{3}{4}}^{\frac{4}{3}}\sqrt{1+\theta^2}\,d\left(\dfrac{1}{\theta}\right)$

$=\left(-\dfrac{\sqrt{1+\theta^2}}{\theta}\right)\Big|_{\frac{3}{4}}^{\frac{4}{3}}+\int_{\frac{3}{4}}^{\frac{4}{3}}\dfrac{1}{\sqrt{1+\theta^2}}\,d\theta$

$=\dfrac{5}{12}+\left[\ln(\theta+\sqrt{1+\theta^2})\right]\Big|_{\frac{3}{4}}^{\frac{4}{3}}$

$=\ln\dfrac{3}{2}+\dfrac{5}{12}$.

故应填 $\ln\dfrac{3}{2}+\dfrac{5}{12}$.

12. $\dfrac{3}{4}$

点拨:由已知直接计算 $\int_1^2 f(x)\,dx$ 是很困难的,所以可以对给定的等式左端作变量代换后求导数,从而找出解决题目所求问题的方法.

解:令 $u=2x-t$,则 $dt=-du$.

$\int_0^x tf(2x-t)\,dt=-\int_{2x}^x(2x-u)f(u)\,du$

$\quad\quad\quad\quad\quad\quad\quad = 2x\int_x^{2x}f(u)\,du-\int_x^{2x}uf(u)\,du$,

从而 $2x\int_x^{2x}f(u)\,du-\int_x^{2x}uf(u)\,du=\dfrac{1}{2}\arctan x^2$,两端对 x 求导,得

$2\int_x^{2x}f(u)\,du+2x[2f(2x)-f(x)]-[2xf(2x)\cdot 2-xf(x)]=\dfrac{x}{1+x^4}$,

故 $\int_x^{2x}f(u)\,du=\dfrac{x}{2(1+x^4)}+\dfrac{1}{2}xf(x)$.

令 $x=1$,得 $\int_1^2 f(u)\,du=\dfrac{1}{4}+\dfrac{1}{2}=\dfrac{3}{4}$.

三、解答题

13. 2

点拨:此题考查导数的定义和导数的几何意义.

解:由已知条件得

$f(0)=0$,$f'(0)=\dfrac{e^{-(\arctan x)^2}}{1+x^2}\bigg|_{x=0}=1$.

故所求切线方程为 $y=x$.

$\lim\limits_{n\to\infty}nf\left(\dfrac{2}{n}\right)=\lim\limits_{n\to\infty}2\cdot\dfrac{f\left(\frac{2}{n}\right)-f(0)}{\frac{2}{n}}$

$\quad\quad\quad\quad\quad\quad =2f'(0)=2$.

14. 当 $0<a<\dfrac{1}{e}$ 时,$f(x)$ 有两个零点;

当 $a=\dfrac{1}{e}$ 时,$f(x)$ 仅有一个零点;

当 $a>\dfrac{1}{e}$ 时,$f(x)$ 没有零点

点拨:判断函数有几个零点,需要考查函数的单调性、极值和介值定理.

解:令 $f'(x)=\dfrac{1}{x}-a=0$,得驻点 $x=\dfrac{1}{a}$.

当 $0<x<\dfrac{1}{a}$ 时,$f'(x)>0$,即 $f(x)$ 单调增加;当 $x>\dfrac{1}{a}$ 时,$f'(x)<0$,即 $f(x)$ 单调减少,因此 $f\left(\dfrac{1}{a}\right)=\ln\dfrac{1}{a}-1$ 为 $f(x)$ 极大值,亦为最大值.

又当 $x\to 0^+$ 或 $x\to+\infty$ 时,$f(x)\to-\infty$,从而依据连续函数的介值定理得

① 当 $f\left(\dfrac{1}{a}\right)>0$,即 $0<a<\dfrac{1}{e}$ 时,曲线 $f(x)$ 与 x 轴在区间 $\left(0,\dfrac{1}{a}\right)$ 与 $\left(\dfrac{1}{a},+\infty\right)$ 上各有一个交点,即 $f(x)$ 有两个零点;

② 当 $f\left(\dfrac{1}{a}\right)=0$,即 $a=\dfrac{1}{e}$ 时,曲线 $f(x)$ 与 x 轴仅有一个交点,即 $f(x)$ 仅有一个零点;

③ 当 $f\left(\dfrac{1}{a}\right)<0$,即 $a>\dfrac{1}{e}$ 时,曲线 $f(x)$ 与 x 轴无交点,即 $f(x)$ 没有零点.

15. $y=e^x-e^{x+e^{-x}-\frac{1}{2}}$

点拨:将 $y=e^x$ 代入微分方程,求出 $p(x)$,然后

再解一阶线性微分方程.

解:将 $y=e^x$ 代入原方程,得
$$xe^x+p(x)e^x=x,$$
解出 $p(x)=xe^{-x}-x$.

代入原方程得 $y'+(e^{-x}-1)y=1$.

解其对应的齐次方程 $y'+(e^{-x}-1)y=0$,得
$$\frac{dy}{y}=(-e^{-x}+1)dx,\text{有 }\ln y-\ln C=e^{-x}+x,\text{得}$$
齐次方程的通解为 $y=Ce^{x+e^{-x}}$.

所以,原方程的通解为 $y=e^x+Ce^{x+e^{-x}}$.

由 $y|_{x=\ln 2}=0$,得 $2+2e^{\frac{1}{2}}C=0$,即 $C=-e^{-\frac{1}{2}}$.

故所求特解为 $y=e^x-e^{x+e^{-x}-\frac{1}{2}}$.

16.点拨:此题考查泰勒公式.

证明:因为 $f'(x_0)=f''(x_0)=\cdots=f^{(n-1)}(x_0)=0$. 由泰勒公式有
$$f(x)=f(x_0)+\frac{f^{(n)}(\xi)}{n!}(x-x_0)^n,$$
其中 ξ 介于 x 与 x_0 之间.

即 $f(x)-f(x_0)=\frac{f^{(n)}(\xi)}{n!}(x-x_0)^n$.

因为 $f^{(n)}(x)$ 在 x_0 连续,且 $f^{(n)}(x_0)\neq 0$,所以必存在 x_0 的某一邻域 $(x_0-\delta,x_0+\delta)$,使对于该邻域内任意 $x,f^{(n)}(x)$ 与 $f^{(n)}(x_0)$ 同号,进而 $f^{(n)}(\xi)$ 与 $f^{(n)}(x_0)$ 同号,于是,在 $f^{(n)}(x_0)$ 的符号确定后,$f(x)-f(x_0)$ 的符号完全取决于 $(x-x_0)^n$ 的符号.

(Ⅰ)当 n 为偶数时,$(x-x_0)^n\geq 0$. 所以

当 $f^{(n)}(x_0)<0$ 时,$f(x)-f(x_0)\leq 0$,

即 $f(x)\leq f(x_0)$,从而 $f(x_0)$ 为极大值;

当 $f^{(n)}(x_0)>0$ 时,$f(x)-f(x_0)\geq 0$,

即 $f(x)\geq f(x_0)$,从而 $f(x_0)$ 为极小值;

(Ⅱ)当 n 为奇数时,若 $x<x_0$,则 $(x-x_0)^n<0$;若 $x>x_0$,则 $(x-x_0)^n>0$. 所以不论 $f^{(n)}(x_0)$ 的符号如何,当 $(x-x_0)$ 由负变正时,$f(x)-f(x_0)$ 的符号也随之改变,因此 $f(x)$ 在 x_0 处不是极值.

17.点拨:此题考查泰勒中值定理及介值定理.

证明:设 $F(x)=\int_a^x f(t)dt$,则 $F'(x)=f(x)$.

$\int_a^b f(x)dx=F(b)-F(a)$,对任意 $x\in[a,b]$,将

$F(x)$ 在 $x_0=\frac{a+b}{2}$ 处展成泰勒公式,
$$F(x)=F\left(\frac{a+b}{2}\right)+F'\left(\frac{a+b}{2}\right)\left(x-\frac{a+b}{2}\right)+\frac{1}{2!}$$
$$F''\left(\frac{a+b}{2}\right)\left(x-\frac{a+b}{2}\right)^2+\frac{1}{3!}F'''(\xi)\left(x-\frac{a+b}{2}\right)^3,$$
其中 ξ 在 x 与 $\frac{a+b}{2}$ 之间,注意到
$$F'(x)=f(x),F''(x)=f'(x),F'''(x)=f''(x),$$
将 $x=b,x=a$ 分别代入上式并相减,得
$$F(b)-F(a)=(b-a)f\left(\frac{a+b}{2}\right)+\frac{1}{24}(b-a)^3\cdot$$
$$\frac{f''(\xi_1)+f''(\xi_2)}{2},$$
其中 ξ_1,ξ_2 分别在 $\frac{a+b}{2}$ 与 b,a 与 $\frac{a+b}{2}$ 之间.

通常 $f''(\xi_1)\neq f''(\xi_2)$(若相等,取 $\xi=\xi_1$ 或 ξ_2 即可),不妨设 $f''(\xi_1)<f''(\xi_2)$,因而
$$f''(\xi_1)<\frac{f''(\xi_1)+f''(\xi_2)}{2}<f''(\xi_2),$$
考虑到 $f''(x)$ 连续及介值定理,可知在 ξ_1,ξ_2 之间至少存在一点 ξ,使得 $f''(\xi)=\frac{f''(\xi_1)+f''(\xi_2)}{2}$.

于是 $\int_a^b f(x)dx=F(b)-F(a)=$
$(b-a)f\left(\frac{a+b}{2}\right)+\frac{1}{24}(b-a)^3 f''(\xi)$,其中 $\xi\in(a,b)$.

18.点拨:此题考查连续函数、介值定理和罗尔定理、拉格朗日中值定理.

证明:(Ⅰ)设 $F(x)=\int_0^x f(t)dt\ (0\leq x\leq 2)$,则
$$\int_0^2 f(x)dx=F(2)-F(0).$$
由拉格朗日中值定理知,存在 $\eta\in(0,2)$,使
$$F(2)-F(0)=2F'(\eta)=2f(\eta),$$
即 $\int_0^2 f(x)dx=2f(\eta)$.

由题设 $2f(0)=\int_0^2 f(x)dx$,知 $f(\eta)=f(0)$.

(Ⅱ)由于 $f(x)$ 在 $[2,3]$ 上连续,则 $f(x)$ 在 $[2,3]$ 上有最大值 M 和最小值 m,从而
$$m\leq\frac{f(2)+f(3)}{2}\leq M.$$
由连续函数介值定理知,存在 $c\in[2,3]$,使

63

$$f(c)=\frac{f(2)+f(3)}{2}.$$

由（Ⅰ）的结果知 $f(0)=f(\eta)=f(c)(0<\eta<c)$。
根据罗尔定理，存在 $\xi_1\in(0,\eta),\xi_2\in(\eta,c)$，使
$$f'(\xi_1)=0,f'(\xi_2)=0.$$
再根据罗尔定理，存在 $\xi\in(\xi_1,\xi_2)\subset(0,3)$，使
$$f''(\xi)=0.$$

19.（Ⅰ）$a=\frac{1}{\sqrt{2}}$ 时，S_1+S_2 达到最小，最小值为 $\frac{2-\sqrt{2}}{6}$；

（Ⅱ）$V_x=\frac{\sqrt{2}+1}{30}\pi$。

点拨：（Ⅰ）先求 S_1+S_2，然后求最值。

（Ⅱ）求旋转体体积 $V=\pi\int_a^b f^2(x)\mathrm{d}x$。

解：（Ⅰ）当 $0<a<1$ 时，如图(b)-2 所示

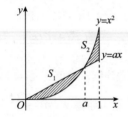

图(b)-2

$$S=S_1+S_2=\int_0^a(ax-x^2)\mathrm{d}x+\int_a^1(x^2-ax)\mathrm{d}x$$
$$=\frac{a^3}{3}-\frac{a}{2}+\frac{1}{3}.$$

令 $S'=a^2-\frac{1}{2}=0$，得 $a=\frac{1}{\sqrt{2}}$。

又 $S''\left(\frac{1}{\sqrt{2}}\right)=\sqrt{2}>0$，

则 $S\left(\frac{1}{\sqrt{2}}\right)$ 是极小值即最小值，其值为

$$S\left(\frac{1}{\sqrt{2}}\right)=\frac{1}{6\sqrt{2}}-\frac{1}{2\sqrt{2}}+\frac{1}{3}=\frac{2-\sqrt{2}}{6}.$$

当 $a\leqslant 0$ 时，如图(b)-3 所示

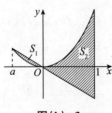

图(b)-3

$$S=S_1+S_2=\int_a^0(ax-x^2)\mathrm{d}x+\int_0^1(x^2-ax)\mathrm{d}x$$
$$=\frac{-a^3}{6}-\frac{a}{2}+\frac{1}{3}.$$

令 $S'=-\frac{a^2}{2}-\frac{1}{2}=-\frac{1}{2}(a^2+1)<0$，

S 单调减少，故 $a=0$ 时，S 取得最小值，此时 $S=\frac{1}{3}$。综上所述，当 $a=\frac{1}{\sqrt{2}}$ 时，$S\left(\frac{1}{\sqrt{2}}\right)$ 为所求最小值，最小值为 $\frac{2-\sqrt{2}}{6}$。

（Ⅱ）$V_x=\pi\int_0^{\frac{1}{\sqrt{2}}}\left(\frac{1}{2}x^2-x^4\right)\mathrm{d}x+$
$\pi\int_{\frac{1}{\sqrt{2}}}^1\left(x^4-\frac{1}{2}x^2\right)\mathrm{d}x$
$=\pi\left(\frac{1}{6}x^3-\frac{x^5}{5}\right)\Big|_0^{\frac{1}{\sqrt{2}}}+\pi\left(\frac{x^5}{5}-\frac{1}{6}x^3\right)\Big|_{\frac{1}{\sqrt{2}}}^1$
$=\frac{\sqrt{2}+1}{30}\pi.$

20. $\int_0^x S(t)\mathrm{d}t=\begin{cases}\frac{1}{6}x^3, & 0\leqslant x\leqslant 1,\\ -\frac{1}{6}x^3+x^2-x+\frac{1}{3}, & 1<x\leqslant 2,\\ x-1, & x>2\end{cases}$

点拨：分段函数的积分，应根据不同区间上的函数表达式，利用定积分的可加性分段计算，本题先根据 t 的取值情况，求出 $S(t)$ 的表达式，然后根据 x 的取值确定 $\int_0^x S(t)\mathrm{d}t(x\geqslant 0)$。

解：由题设知（如图(b)-4 所示）

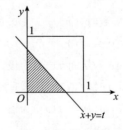

图(b)-4

$$S(t)=\begin{cases}\frac{1}{2}t^2, & 0\leqslant t\leqslant 1,\\ -\frac{1}{2}t^2+2t-1, & 1<t\leqslant 2,\\ 1, & t>2.\end{cases}$$

所以，当 $0\leqslant x\leqslant 1$ 时，有

$$\int_0^x S(t)\mathrm{d}t=\int_0^x \frac{1}{2}t^2\mathrm{d}t=\frac{1}{6}x^3;$$

当 $1<x\leqslant 2$ 时,有
$$\int_0^x S(t)\mathrm{d}t = \int_0^1 S(t)\mathrm{d}t + \int_1^x S(t)\mathrm{d}t$$
$$= -\frac{x^3}{6}+x^2-x+\frac{1}{3};$$

当 $x>2$ 时,有

$$\int_0^x S(t)\mathrm{d}t = \int_0^2 S(t)\mathrm{d}t + \int_2^x S(t)\mathrm{d}t = x-1.$$

因此

$$\int_0^x S(t)\mathrm{d}t = \begin{cases} \dfrac{1}{6}x^3, & 0\leqslant x\leqslant 1, \\ -\dfrac{1}{6}x^3+x^2-x+\dfrac{1}{3}, & 1<x\leqslant 2, \\ x-1, & x>2. \end{cases}$$